渐进演化类拓扑优化
及其在混凝土复杂受力构件设计中的应用

Evolutionary Structural Optimization-Type Method of Topology Optimization and

Application for Aided Design to Reinforced Concrete Members with Complex Stress State

张鹄志　陈士轩　汪建群　著

中国建筑工业出版社

图书在版编目（CIP）数据

渐进演化类拓扑优化及其在混凝土复杂受力构件设计中的应用 = Evolutionary Structural Optimization-Type Method of Topology Optimization and Application for Aided Design to Reinforced Concrete Members with Complex Stress State / 张鹄志，陈士轩，汪建群著. —北京：中国建筑工业出版社，2023.5（2023.11重印）

ISBN 978-7-112-28687-4

Ⅰ.①渐⋯　Ⅱ.①张⋯ ②陈⋯ ③汪⋯　Ⅲ.①拓扑—混凝土结构—结构设计　Ⅳ.①TU370.4

中国国家版本馆CIP数据核字（2023）第074098号

本书的主要内容包括：渐进结构优化类算法；加窗渐进结构优化；材料多等级拓扑优化；位移边界与荷载工况对拓扑解的影响；拟静力拓扑优化；多荷载工况下的拓扑优化；基于拓扑解的静定桁架模型构建；渐进演化类算法的构件设计应用与验证。本书介绍了多种渐进演化类拓扑优化算法，及其在复杂受力钢筋混凝土构件配筋设计中的应用。本书主要的优化内容针对钢筋混凝土整体模式优化展开，以拉压杆模型作为转换桥梁以指导复杂受力构件的工程设计。同时，针对工程中常见的多工况、多目标问题，本书给出了基于拓扑优化技术的设计解决方案。最后，本书涵盖了针对不同构件的试验和大量仿真，可供后续科研人员和设计人员参考。

本书可供土木从业人员、院校师生使用。

责任编辑：郭　栋
责任校对：姜小莲

渐进演化类拓扑优化
及其在混凝土复杂受力构件设计中的应用

Evolutionary Structural Optimization-Type Method of Topology Optimization and
Application for Aided Design to Reinforced Concrete Members with Complex Stress State

张鹄志　陈士轩　汪建群　著

*

中国建筑工业出版社出版、发行（北京海淀三里河路9号）

各地新华书店、建筑书店经销

北京点击世代文化传媒有限公司制版

建工社（河北）印刷有限公司印刷

*

开本：787毫米×1092毫米　1/16　印张：13　字数：268千字

2023年6月第一版　2023年11月第二次印刷

定价：**69.00**元

ISBN 978-7-112-28687-4

（41068）

《渐进演化类拓扑优化及其在混凝土复杂受力构件设计中的应用》审定委员会

（按姓氏笔画排序）

前　言

混凝土结构，毫无疑问是当今世界主流建筑结构类型。我国现行规范当前采用以概率为基础的极限状态设计法，在设计体系上已较为完整。然而在该体系中，因受力特性等各种原因，对深受弯构件等复杂受力构件的设计，至今仍摆脱不了对设计操作性的顾虑和对传统经验设计理念的依赖。

拓扑优化，作为一种新兴数学和力学理论，表现出不俗的辅助设计能力，在多采用匀质材料的机电工程和材料工程等领域已经得到良好应用。已有研究表明，结合压杆-拉杆模型和传力路径等理论，基于拓扑优化设计的混凝土构件，较之传统设计方法，在承载能力和变形延性等多个方面的受力性能都有所提高；同时，还能更好地应对工程中的多设计目标，甚至可以将传统设计中常发生剪切破坏的深梁，设计成延性令人满意的正截面弯曲破坏形态。可见，基于拓扑优化的混凝土结构设计有着良好的应用前景。然而，由于优化对象体量大、工况复杂，当前缺少系统化的应用方法，广泛应用仍有一定的难度。

因此，在国家自然科学基金（51508182）、湖南省自然科学基金（2021JJ30270）、湖南省教育厅科学研究项目优秀青年项目（18B207）及中交二公局第一工程有限公司基础研究项目（20230105）的资助下，课题组秉承基于新理论、引进新技术、构建新方法、解决老问题的思路，围绕渐进演化类拓扑优化方法，及其在混凝土复杂受力构件设计中的应用问题展开系统研究，取得了独辟蹊径和别具特色的研究成果。作者希望通过本书对成果进行系统介绍，继而推动混凝土复杂受力构件设计方法的发展，为完善钢筋混凝土结构设计理论与方法体系提供参考；同时，为对运用拓扑优化方法开展混凝土结构设计感兴趣的研究领域新人，提供入门参考。

本书共9章。第1章为绪论，介绍运用拓扑优化方法开展混凝土结构设计的概况；第2章讲述渐进演化类算法的基本理论；第3、4章介绍两种可提升效率或精度的改进渐进演化类具体算法；第5章以静力单目标拓扑优化为工具，开展了对深梁受力性能的探讨；第6章介绍了一种针对剪力墙抗震设计的拟静力拓扑优化方法；第7章将拓扑优化应用方法拓展至可考虑多目标的情形；第8章介绍一种通用的从拓扑解建立出杆系结构力学模型的方法；第9章主要开展了具体构件类型的设计应用，同时通过仿真和试验验证本书这一类的优化方法所设计构件的性能。

除作者外，参加本书相关研究工作的科研人员还包括湖南大学刘霞副教授，以及研究生贺华军、王磊佳、徐文韬、张棒、黄垚森、马哲霖、王熙、刘学虎、尹斌、刘鑫、陈怡君、方宇敏、罗鹏、李可飞、邓海、熊新才、康奕俊等，在此一并表示由衷的感谢。由于作者水平有限，书中难免有疏漏与不足之处，敬请广大读者予以批评指正，不胜感谢。

目　录

第1章　绪论 ……………………………………………………………………… 1

1.1　概述 …………………………………………………………………………… 1

1.2　优化算法 ……………………………………………………………………… 2

　　1.2.1　优化算法的发展 ……………………………………………………… 2

　　1.2.2　现代优化算法 ………………………………………………………… 3

1.3　拓扑优化算法 ………………………………………………………………… 7

　　1.3.1　离散体结构拓扑优化算法 …………………………………………… 7

　　1.3.2　连续体结构拓扑优化算法 …………………………………………… 7

1.4　与拓扑优化相关的钢筋混凝土构件设计理论 ……………………………… 8

　　1.4.1　压杆 - 拉杆模型（STM） …………………………………………… 8

　　1.4.2　压力路径 ……………………………………………………………… 9

　　1.4.3　多目标优化设计 ……………………………………………………… 10

1.5　钢筋混凝土构件设计中拓扑优化的应用方式 ……………………………… 10

　　1.5.1　基于钢筋混凝土整体模式的应用 …………………………………… 10

　　1.5.2　基于钢筋离散模式的应用 …………………………………………… 12

　　1.5.3　基于桁架模式的应用 ………………………………………………… 14

　　1.5.4　基于3D混凝土打印的应用 ………………………………………… 15

1.6　本书的主要工作 ……………………………………………………………… 15

第2章　渐进结构优化类算法 ………………………………………………… 17

2.1　概述 …………………………………………………………………………… 17

2.2　ESO 算法的基本思路 ………………………………………………………… 17

2.3　优化方向 ……………………………………………………………………… 20

2.4　优化的确定性 ………………………………………………………………… 22

2.5　双向概率性优化 ……………………………………………………………… 25

　　2.5.1　基本思路 ……………………………………………………………… 25

　　2.5.2　优化步骤与流程图 …………………………………………………… 26

　　2.5.3　数值算例 ……………………………………………………………… 27

2.6　本章小结 ·· 32

第 3 章　加窗渐进结构优化 ·· 33

3.1　概述 ·· 33

3.2　基于应变能灵敏度的 ESO ·· 33

　　3.2.1　基本思路 ··· 33

　　3.2.2　基本流程 ··· 38

　　3.2.3　存在的问题 ··· 40

3.3　加窗 ESO 算法 ··· 41

　　3.3.1　基本思路 ··· 41

　　3.3.2　加窗方法 ··· 42

　　3.3.3　性能指标 ··· 43

　　3.3.4　实现步骤 ··· 44

　　3.3.5　拓扑解与 Michell 桁架解 ··· 44

　　3.3.6　开洞深梁二维优化算例 ··· 46

　　3.3.7　实腹深梁优化算例及算法对比 ····································· 48

　　3.3.8　桥梁工程三维优化算例 ··· 50

3.4　本章小结 ·· 52

第 4 章　材料多等级拓扑优化 ·· 53

4.1　概述 ·· 53

4.2　基本思想 ·· 53

　　4.2.1　数学模型 ··· 53

　　4.2.2　灵敏度 ··· 54

　　4.2.3　优化准则 ··· 54

　　4.2.4　优化流程 ··· 55

4.3　三点加载深梁算例 ·· 56

　　4.3.1　算例概况 ··· 56

　　4.3.2　折算体积下的优化对比 ··· 56

　　4.3.3　绝对体积下的优化对比 ··· 58

　　4.3.4　材料等级数的影响 ··· 59

4.4　其他 D 区算例 ·· 60

　　4.4.1　Z 形梁 ··· 60

　　4.4.2　两跨连续深梁 ··· 61

4.4.3 开洞剪力墙 ··· 62

4.5 本章小结 ·· 63

第 5 章 位移边界与荷载工况对拓扑解的影响 ·································· 65

5.1 概述 ··· 65

5.2 支座约束对单跨深梁拓扑解的影响 ·· 66

5.2.1 算例概况 ··· 66

5.2.2 拓扑解 ··· 67

5.2.3 支座约束的影响 ··· 68

5.3 开洞位置对单跨深梁拓扑解的影响 ·· 69

5.3.1 算例概况 ··· 69

5.3.2 拓扑解 ··· 70

5.3.3 开洞位置的影响 ··· 71

5.4 支座约束和开洞情况对两跨连续深梁拓扑解的影响 ··················· 72

5.5 荷载作用位置的影响 ··· 74

5.5.1 算例概况 ··· 74

5.5.2 拓扑解 ··· 75

5.5.3 STM 构建 ··· 76

5.5.4 荷载作用位置的影响 ··· 78

5.6 荷载集度的影响 ··· 79

5.6.1 算例概况 ··· 79

5.6.2 拓扑解 ··· 80

5.6.3 荷载集度的影响 ··· 81

5.7 深梁配筋概念设计措施 ·· 82

5.7.1 不同支座条件下受拉主筋的设计 ····································· 82

5.7.2 开洞设计 ··· 82

5.7.3 连续深梁设计 ··· 83

5.7.4 针对荷载工况特性的设计 ··· 83

5.8 本章小结 ·· 84

第 6 章 拟静力拓扑优化 ··· 86

6.1 概述 ··· 86

6.2 拟静力拓扑优化算法 ··· 87

6.2.1 优化模型与应变能计算 ··· 87

6.2.2　优化灵敏度构建与过滤 ……………………………………… 89

6.2.3　优化流程 ……………………………………………………… 90

6.3　数值算例 ………………………………………………………………… 90

6.3.1　构件概况 ……………………………………………………… 91

6.3.2　有限元分析的相关参数 ………………………………………… 91

6.3.3　优化拓扑 ……………………………………………………… 92

6.3.4　优化方法比较 ………………………………………………… 94

6.4　不同抗震设计方法下的仿真分析构件对比 …………………………… 96

6.4.1　配筋设计 ……………………………………………………… 96

6.4.2　有限元模型与加载方案 ………………………………………… 99

6.4.3　墙体耗能 ……………………………………………………… 100

6.4.4　钢筋应力 ……………………………………………………… 102

6.5　高宽比和轴压比对拓扑解的影响 ……………………………………… 103

6.5.1　高宽比的影响 ………………………………………………… 103

6.5.2　轴压比的影响 ………………………………………………… 105

6.6　抗震概念设计思路 ……………………………………………………… 110

6.7　本章小结 ………………………………………………………………… 111

第 7 章　多荷载工况下的拓扑优化 ………………………………………… 113

7.1　概述 ……………………………………………………………………… 113

7.2　多目标优化基本理论 …………………………………………………… 113

7.3　多静力目标 GESO …………………………………………………… 114

7.3.1　荷载病态的处理 ……………………………………………… 114

7.3.2　算法理论与实现步骤 ………………………………………… 114

7.3.3　单侧开洞简支深梁算例 ……………………………………… 116

7.3.4　两端固定铰支实腹深梁算例 ………………………………… 119

7.4　静动力双目标 ESO …………………………………………………… 121

7.4.1　灵敏度 ………………………………………………………… 121

7.4.2　优化参数 ……………………………………………………… 123

7.4.3　优化流程 ……………………………………………………… 124

7.4.4　两端固定铰支短梁算例 ……………………………………… 124

7.4.5　固支短梁与深梁算例 ………………………………………… 126

7.4.6　权重系数的影响 ……………………………………………… 127

7.4.7　其他优化参数的影响 ………………………………………… 129

7.4.8　拓扑解的仿真对比 ……………………………………………… 129

7.4.9　综合考虑静动力性能的短梁概念设计思路 ……………………… 132

7.5　本章小结 ……………………………………………………………… 133

第 8 章　**基于拓扑解的静定桁架模型构建** ………………………………… 134

8.1　概述 …………………………………………………………………… 134

8.2　**模型构建方法** ………………………………………………………… 135

8.2.1　基本思路 ……………………………………………………… 135

8.2.2　拓扑解的应力分析 …………………………………………… 135

8.2.3　应力紊乱区滤除和杆件倾斜角确定 ………………………… 136

8.2.4　刚架模型组装与静定桁架模型转建 ………………………… 138

8.2.5　模型构建中特殊问题的处理 ………………………………… 139

8.3　**基于最小应变能原理的模型评价** …………………………………… 142

8.4　**基于非线性有限元分析的模型验证** ………………………………… 144

8.4.1　构件配筋设计 ………………………………………………… 144

8.4.2　仿真参数 ……………………………………………………… 145

8.4.3　仿真结果 ……………………………………………………… 146

8.5　**本章小结** ……………………………………………………………… 148

第 9 章　**渐进演化类算法的构件设计应用与验证** ………………………… 149

9.1　概述 …………………………………………………………………… 149

9.2　**短梁设计** ……………………………………………………………… 149

9.2.1　算例概况 ……………………………………………………… 149

9.2.2　短梁的拓扑解 ………………………………………………… 150

9.2.3　短梁的 Michell 桁架解 ……………………………………… 152

9.2.4　有限元仿真分析 ……………………………………………… 153

9.2.5　短梁优化设计思路 …………………………………………… 158

9.3　**深梁设计** ……………………………………………………………… 160

9.3.1　试件概况与设计 ……………………………………………… 160

9.3.2　试件用材料性能 ……………………………………………… 165

9.3.3　试验加载方案 ………………………………………………… 166

9.3.4　测点布置及量测内容 ………………………………………… 167

9.3.5　裂缝与破坏形态 ……………………………………………… 168

9.3.6　变形与应变 …………………………………………………… 173

9.3.7 承载能力 ···································· 175

9.4 箱梁预应力钢束设计 ································ 176

9.4.1 优化设计方法 ································ 176

9.4.2 工程案例概况 ································ 177

9.4.3 拓扑解的获取 ································ 178

9.4.4 组合结构模型的建立与分析 ························ 179

9.4.5 钢束布置与设计 ······························ 181

9.4.6 设计方法对比 ································ 182

9.5 本章小结 ···································· 184

参考文献 ·· 185

第1章 绪论

1.1 概述

何为优化？从概念上看，优化就是方案比选，从已有的方案中选取相对最符合某个目标的方案；而从数学上看，优化就是在某一确定状态空间中寻求极值点。实际工程中的许多问题都需要先将其转化成相应的数学模型，然后基于这些数学模型的分析和计算进行求解。事实上，这已经属于优化的范畴，因为这些数学模型大多就是最优化模型[1]。

价值工程中认为，价值是功能与成本的比值，提高功能或降低成本就可以得到更大的价值。在土木工程领域中，价值工程的目标就是获取更高的经济性或更佳的结构性能。在这样一个目标下，结构优化成为结构研究或设计的理论工具之一，并且近些年呈现出越来越重要的作用。如果工程师们想同时降低成本与提高功能，就变成了一个双目标优化问题，而且这两个目标之间往往还存在不小的冲突。通常的做法就是将其中一个转化为约束，在约束固定成本的前提下，获取更高的结构性能；或约束确定的功能标准，全力降低成本。当然，有时候也有一些稍加妥协的方案，如小幅提高成本时的大幅增加功能，或小幅减少功能时的大幅降低成本。人们通常更容易接受约束功能、致力于降低成本的思路。这是因为成本是一个非常直观、极易量化的指标；而在我国的前几十年，由于基本国情，成本也是一个更受重视的指标。所以，早些年的工程优化应用，就更多被关注其带来的节省效应，甚至在某些特定的领域被与"精打细算、削减富余"画上等号。自然，最初的结构优化设计多用于寻求最小的结构重量。

然而，换一个角度来看这个问题。如果有一些必要的功能尚未能得到保证，或者存在工程结构中"卡脖子"的功能问题，是否还应该如此局限于先对成本的优化呢？比如钢筋混凝土结构，对于跨高比较小的受弯构件或受压为主的构件，如何避免脆性破坏形态？如何在高承载力前提下保持高延性和良好耗能能力？再比如，一些应力场复杂的构件和节点，按照多配钢筋的设计"经验"，即使抛开延性问题，是否一定能获得高承载力？是否能保证强剪弱弯和强节点弱构件？在诸多问题的指引下，结构优化也开始逐渐在降低结构整体应力水平，提高结构安全使用寿命等方面也得到了应用。也就是说，土木工程中的优化应用，有时也需要将提升功能放到更重要的位置上来。本书介绍的主要内容就是以这样的思路，为提升钢筋混凝土复杂受力构件在日常工作条件下的受力性能，从发展拓扑优化方法入手，再将其引入这类构件的辅助设计中，以期形成合理化的设计方法，为完善钢筋混凝土结构设计理论与方法体系提供参考。

无论是为降低成本，还是为增加功能，在所有属于优化范畴的研究和应用中，算法研究是开展的基础。

1.2 优化算法

1.2.1 优化算法的发展

优化算法从最早牛顿、拉格朗日等数学家给出的优化方程式到如今的各种复杂的统计学和仿生学算法，已有相当长的发展历史。在这数百年里，优化算法经历了从经典优化算法到现代优化算法的发展过程，从局部最优解到全局最优解，最优化问题的求解达到了一个前所未有的高度。

经典优化算法即局部优化算法[2]，最初是数学理论的革新让这类优化算法开始欣欣向荣。300 多年前，微积分学的出现，使最优化问题获得了一条差分方程求解的新出路，而拉格朗日乘子和柯西最速下降法等数学上的突破，都为优化算法开辟了新的道路。计算机作为一种高速计算工具，它的出现引领优化算法的发展走进新时代。从此，优化算法日新月异，各国学者开始基于计算机求解的各个领域的最优化问题展开研究。如 Dantzig、Zoutendijk 和 Rosen 提出非线性规划优化技术并对其进行了发展，Duffin、Zener 和 Peterson 提出了几何规划技术，Gomory 提出了积分规划技术，Dantzig、Chames 和 Cooper 提出并发展了随机（或统计）规划技术等。这些经典优化算法首先在经济学和军事等方面得到一定的研究与应用，然后被逐渐推广到工程设计等领域，最终得到较为广泛的应用。

现代优化算法即全局性优化算法[3-4]，是在最优化问题求解过程中遇到许多难解问题（NP-hard 问题）的背景下孕育而生的。从目前的发展来看，现代优化算法的主要类别包括数学统计方法、仿生学算法和它们之间的组合算法。

经典优化算法一般对规模较小的优化问题能快速收敛到局部最优解，但同时也易于陷入局部最优解。现代优化算法更适用于规模较大的优化问题，搜索到尽可能好的最优解，但收敛速度往往相对较低。有学者提出一些综合局部和全局优化的算法。这一类算法虽然从本质上讲不能算真正的现代优化算法，但是由于也以获取全局最优解为目标，所以在本章中也将其划分到现代优化算法中进行讨论。

1.2.2 现代优化算法

目前，在土木工程领域有所应用的现代优化算法主要包括：禁忌搜索算法、模拟退火算法、遗传算法（Genetic Algorithm，简称 GA）、蚁群算法、粒子群算法、巢分区算法、人工鱼群算法等，以及一些局部优化算法和全局优化算法的综合应用。

1. 禁忌搜索算法

邻域搜索算法是一种随机搜索算法，首先选定一个合适的初始解和一个目标函数值，然后通过在邻域进行搜索和比较，找到一个使目标函数值变化最大的搜索方向，据此寻找最优解。

禁忌搜索算法由 Glover 在 1986 年首次提出[5]，其本质就是一种局部邻域搜索算法。即在邻域搜索的优化过程中建立一个禁忌表，该禁忌表可以对整个搜索方向和过程进行指导。具体来说，即根据禁忌表确定禁忌长度和禁忌对象，在整个迭代搜索过程中，每一次新的搜索最大可能地回避那些已经搜索到了的局部最优解；当然，也不是绝对禁止搜索重复的对象。这样一个较为灵活的禁忌准则和存储结构，也就最大限度地避免了优化过程陷入局部最优解，从而达到全局寻优的目的[6]。

禁忌搜索过程的主要要素包括邻域、禁忌表和评价函数[7]。这三个要素决定着禁忌搜索算法的优化性能：

（1）邻域决定着搜索的范围，邻域结构设计决定了当前解的邻域解数量和形式，以及解与解之间的关系。

（2）禁忌表控制搜索的效率和效果，禁忌表中禁忌长度的大小和禁忌对象的集合对于禁忌搜索算法十分关键。禁忌长度和禁忌对象的集合太大，影响搜索的效果，搜索可能很快陷入局部最优解而无法达到全局选优的目的；禁忌长度和禁忌对象的集合太小，则影响搜索的效率，搜索始终在循环进行，大量的重复劳动使得优化效率低下。

（3）评价函数指导搜索的方向。这包括一系列事先设定的准则，例如特赦准则。该准则是为了防止优良状态的丢失，是找到全局最优解的一个保障，通过激励对优良状态的局部搜索，实现全局选优的目标。而合理的终止准则决定着搜索过程的终点。

禁忌搜索算法最大的优点是充分利用全局信息，避免迂回搜索。在搜索的过程中易于跳出局部最优解，从而进一步寻找全局最优解。禁忌搜索算法最大的缺点是对初始解的过分依赖，不同的初始解可能导致优化的结果完全不同，这就导致优化过程存在较大的主观因素，因为使用者根据问题的特征信息构造的初始解可能成为该算法的控制性因素[8]。

2. 模拟退火算法

首先，将一个固体加热到足够的温度，此时该固体的内能会随着内部粒子的混乱程度加剧而增大；然后自然放置，让其慢慢冷却。在这一冷却过程中，该固体内部的粒子渐渐趋向有序，并且又始终保持热平衡状态。当该固体最终冷却至常温时，该固体达到基态，内能达到最小值。模拟退火算法就是在这样一个物理过程的背景下产生的，最早于 1953 年由 Metropolis 等提出，属于全局性启发式的概率搜索算法[9]。

模拟退火算法最基本的要素包括：冷却进度表、固体退火过程和 Metropolis 准则[10]。对于退火过程（在热平衡状态下温度不断降低直至基态）的模拟，主要由冷却进度表来进行控制。冷却进度表由若干控制冷却温度的参数组成，通过选择合适的参数值对优化的过程进行控制，才有可能一方面保证优化的效率，另一方面保证优化的效果。迭代优化的过程中，当新解劣于原解时，Metropolis 准则使得新解以较小的概率被接受，而不是确定的不接受，以此在保证优化进行的同时避免算法陷入局部最优解，从而达到全局寻优的目的。

模拟退火算法产生一个新解并对其进行评价，再进行选择的过程[11]如下：

（1）通过一个产生函数，在当前解的条件下从解空间中产生一个新解。

（2）计算新解与之对应的目标函数差。

（3）利用 Metropolis 准则对新解进行判定，判定其是否应该被接受。如果新解优于原解，则由新解代替原解；如果新解劣于原解，则以一个较小的概率接受新解。若新解未被接受，则保留原解，回到步骤（1），产生下一个新解。

（4）新解代替原解，则需要对目标函数值进行修正；如此，优化过程就相当于实现了一次迭代，回到步骤（1），产生下一个新解，进行下一轮优化。

模拟退火算法不依赖于初始值，即与迭代的起点无关。其具有渐近收敛性和并行性，已经从理论上被证明是一种确定可收敛于全局最优解的算法[12]。

3. 遗传算法（GA）

遗传是大自然中生命个体代代相传的一种方式，经由基因的传递，使后代获得亲代的特征。生物数亿年的进化是一优化过程，这一点毋庸置疑。杂交变异、自然选择、适者生存、优胜劣汰，最能适应环境的个体其性状最易得到传承，数代遗传后整个生态系统不断逼近最优。GA 仿生的正是这一生物过程，1975 年 Holland 在其著作 *Adaptation in Natural and Artificial Systems* 中首次提出了位串编码技术，从程序上实现了变异和交叉的操作，然后进一步拓展到优化领域，并完整地提出 GA[13]。

GA 首先需要构建一个"生态系统"作为环境，定义"基因"作为传递的信息，"染色体"作为这些信息的载体，再设定相应的适应度函数作为评价体系，通过交叉遗传的过程推动优化的进行，通过较小概率的变异操作和概率性的选择避免算法陷入局部最优解，如此完整地模拟生命遗传的过程，从而达到全局寻优的目的[14]。GA 的运算过程[15]如图 1.1 所示，其具体实现可以分成如下几个步骤：

（1）构建"生态系统"，即建立数学模型，同时确定优化的目标；

（2）确定染色体编码方法和解码方法，即确定基因与相应表现的关系；

（3）设计选择、交叉、变异等遗传算子的操作方法和适应度评价函数；

（4）完成交叉、变异等遗传过程，产生子代解；

（5）利用适应度评价函数的评价结果，按一定概率优胜劣汰，然后回到步骤（4）。

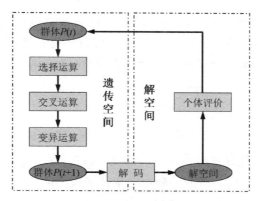

图 1.1　GA 的运算过程

　　GA 最大的优点在于其有自组织性、自适应性、自学习性及本质并行性，一旦确定了编码方案、适应度函数和各遗传算子，整个优化的过程不需要其他的辅助知识和人为控制，优化过程较为客观。但是与其他的优化算法相比，GA 的编码解码等实现过程较为复杂，且对网络的反馈信息没有及时利用，搜索速度较慢，尤其是对解的精度有一定要求时耗时较多，计算效率较低。此外，由于 GA 源自对生物进化过程的模拟，并不是从数学理论角度出发，所以许多学者一直致力于找到能正确反映 GA 机理的数学解释，以严谨其逻辑。模式定理、构造块假设、Markov 链等，都是当前分析 GA 的有效数学工具[16-18]。

　　4. 其他算法

　　蚁群算法：根据蚂蚁觅食的基本规则——觅食规则、移动规则、避障规则和信息素规则，意大利学者 Dorigo 最早于 1991 年较系统地提出了蚁群算法[19-20]。蚂蚁社会是一个有组织、有分工的复杂系统，蚂蚁可以在无任何可见提示的情况下找到从蚁穴到食物源的最短途径；并且，随着环境的改变搜索新的路径，产生新的选择[21]。蚁群算法就是仿生蚂蚁觅食这一自然优化的过程。蚁群算法最大的特点是多样性和正反馈。其中，正反馈是一种学习强化能力，保证了优化的方向和相对优良的信息能够被保存下来；而多样性则是一种创造能力，保证了进化、进步和系统的创新能力，以及优化不走入无限循环。蚁群算法明显的不足在于效率不高，搜索过程需耗费较长的时间。

　　粒子群算法：根据鸟群觅食群体协作的行为，Eberhart 和 Kennedy 于 1995 年最早提出粒子群算法[22]。粒子群算法是群集智能的一种随机搜索算法。与 GA 类似，属于进化算法的范畴。从随机解开始迭代，通过适应度对解进行评价，追随当前最优值以寻找全局最优解[23]。每一次迭代中，粒子通过跟踪两个"极值"（个体极值和全局极值）来更新自己。在这个位置速度更新的过程中，惯性权重（保持原来速度的系数）、认知（粒子跟踪自己历史最优值的权重系数）和社会（粒子跟踪群体最优值的权重系数）都是关键性的参数。粒子群算法易实现、高精度且收敛速度较快，适合于实值型处理；但是，对于离散的优化问题处理不佳，较容易陷入局部最优解[24]。

人工鱼群算法：根据人工鱼群的觅食、聚群及追尾行为[25]，浙江大学李晓磊于2003年提出人工鱼群算法。该算法的主要优点[26-28]包括：收敛速度较快、易得可行解、对问题的机理模型和相应描述的要求不高。但是，该算法计算精度偏低，只适用于初步优化或其他对精度要求不高的问题。

巢分区算法：巢分区算法是一种全局收敛算法，其基本思想是对可行域进行系统性分区，然后集中搜索优良解可能位于的区域。在迭代的过程中，一方面跟踪最有希望的解进行系统性分区；另一方面，利用随机抽样得到的信息来实现最有希望区域的转移。每一步均对所有可行解空间抽样，对最有希望的区域重复分区，重点抽样，逐步缩小最佳区域[1]。

这些目前较为常见的现代优化算法也大多源自仿生学。但总的来说，现代优化算法领域博大精深，其中有一些算法[29-31]在土木工程领域应用不多。本书的研究又没有涉及，这里不再赘述。

5. 经典优化算法与现代优化算法的结合

单从全局优化的角度来看，神经网络算法并非真正意义的现代优化算法，而是一种局部优化算法和全局优化算法的结合。其仿生的是人体神经系统的直观性思维，基本单位是神经元，由许多神经元相互关联，构成一个复杂系统[32]。神经元一般由加权加法器、线性动态系统、非线性映射和学习规则四个基本部分所组成。神经元之间可以通过前向型网络、反馈型网络和自组织网络这三种不同的模式连接[33]。其中，前向型网络将神经元分层，并一层一层同步计算，而层与层间并无信息交流；反馈型网络则视整个网络为整体进行计算；自组织网络则通过一种根据已有经验自动学习和适应环境的方式进行计算。神经网络工作的过程都分为两个阶段[34]：学习阶段和工作阶段。学习阶段，各计算单元执行学习规则，通过学习样本对神经网络进行训练，这一阶段一般较慢，是该神经网络算法接下来工作的基础；工作阶段，则根据学习阶段的成果计算单元的状态变化，直至达到稳态，这一阶段一般较快。神经网络具有自适应自组织性、泛化能力、非线性映射能力和高度并行性等多个优点，可以在训练的过程中自主开发新的功能，可以发展到甚至超过设计者原有的知识水平，不需要对系统有很高的认知要求，预测能力和控制能力都相当出色。

还有一些算法，本身不属于现代优化算法，但可以实现与现代优化算法的结合，为工程领域所用。例如准则法，作为经典优化算法的一个分支，本身不属于现代优化算法，本书重点讨论的渐进结构优化（Evolutionary Structural Optimization，以下简称 ESO）算法，就属于准则法。该算法最明显的缺陷，即容易陷于局部最优解；GA 属于现代优化算法，两者相结合便得到了遗传演化结构优化算法（Genetic ESO，以下简称 GESO）。这是一种典型的结合经典与现代优化算法的综合性优化算法。其与 ESO 算法相比，寻找全局最优解的能力大大增强。

1.3　拓扑优化算法

1.3.1　离散体结构拓扑优化算法

1964 年，Dorn 等提出基结构法，将数值方法引入结构拓扑优化，离散化初始设计域，用杆件连接结点以形成基结构，再删除次要杆件，得出拓扑解[35]。随后，混合桁架 - 基结构法开始应用于钢筋混凝土结构设计中，使用桁架基结构代表钢筋，连续固体单元代表混凝土，结合最大刚度目标函数与混合桁架 - 基结构，获取不同荷载和边界条件下的桁架模型[36]。

基结构法这种在有限子空间内寻优的方式，易陷入局优，另外还存在组合爆炸、解的奇异性等问题。为此，Smith 提出一种交互式系统来生成非凸面设计区域中的基结构[37]，Zegard 等使用基结构分析和设计方法生成非结构化设计域的基结构[38]。这些改进对于基结构法有着积极的工程应用推进意义。但是，从当前局面来看，改进基结构选取方法，提高算法全局寻优能力，降低计算成本，对于现在工程设计中的广泛应用不仅是重点，更是难点。

此外，Svanberg 等提出 MMA 算法[39]，引入移动渐近线，用显式线性凸函数近似代替隐式目标函数和约束函数，再用初始对偶内点算法或对偶方法，迭代求出逼近原问题的近似解。该算法全局收敛性高且运行较稳定，但在求解多约束条件和复杂目标函数的结构优化问题时，优化效率有待提高。

1.3.2　连续体结构拓扑优化算法

1988 年，Bendsoe 等提出基于均匀化理论的均匀化方法和连续体拓扑优化的概念[40]。均匀化方法有严谨的理论基础和完备的设计空间，但设计变量数目多，计算效率有待提高，于是又被改进为通过删除厚度下限单元以实现结构拓扑优化的变厚度法[41]。此法不需要再构造微结构，较为便捷。随后，隋允康提出 ICM 法，对独立连续拓扑变量进行映射反演[42]，不需要依附低层次尺寸或物理参数；Osher 等提出水平集法，将平面或三维结构表达为一个高一维水平集函数的零水平集，可得边缘光滑和清晰的拓扑解[43]。

因收敛速度、计算效率及数值稳定性等问题，以上方法在运用到土木工程设计中时，实用性较低。随着算法的突破性发展，有两类连续体拓扑优化新算法脱颖而出，成为目前工程界应用最多的拓扑优化算法，即 ESO 类算法和固体各向同性材料惩罚模型（以下简称 SIMP）类算法。ESO 类算法将在后续章节做详细讨论，本节仅概述 SIMP 类算法。

1989 年，Bendsoe 等提出 SIMP 算法[44]，引入一种假想相对密度作为设计变量，采用惩罚因子对中间密度值进行调整。Bendsoe 等人[45]已经证实了其物理意义的存在。SIMP 算法可直接进行离散设计灵敏度计算，适用于复杂的工程非线性结构拓扑构建。

SIMP 算法最初的问题主要是所得拓扑解边界不够清晰，网格依赖性强，易产生棋盘格现象。于是，Haber 建议限制结构总周长[46]；Sigmund 利用单元中心间距离加权平均来修改单元灵敏度值[47]。这些措施都可有效避免结构内部单元密度剧烈交替变化，部分应对前述问题。但是，过滤策略又可能造成新的问题——留存大量中间密度（即灰度）单元。为此，Bruns 等将原始灵敏度过滤法中的分母密度移入求和计算[48]；Guest 等运用密度投影技术得出 Heaviside 法[49]；Dadalau 等建议动态调整每次迭代中的惩罚指数[50]；昌俊康等引入"陡坡参数"影响因子，以构建惩罚密度函数[51]；Garcia-Lopez 引入模拟退火算法的思想，保留预定阈值内的单元密度，以降低灰度[52]；Xu 等提出满足体积约束的非线性过滤法[53]；Wang 等推荐考虑密度梯度信息的双边过滤法[54]；张志飞等提议两轮迭代优化分别包含与不包含灵敏度过滤的双重 SIMP 法[55]。经过以上发展，SIMP 类算法的灰度扩散现象得到一定抑制，但至今仍不能消除，使其在土木工程领域应用时实用性较欠缺。

1.4　与拓扑优化相关的钢筋混凝土构件设计理论

1.4.1　压杆 - 拉杆模型（STM）

Schlaich 等提出在钢筋混凝土构件受压和受拉区分别设置混凝土压杆和钢筋拉杆，形成压杆 - 拉杆模型（Strut-and-Tie Model，简称 STM），可作为混凝土构件设计的力学依据[56]。从理论上讲，这是一种塑性力学下限方法[57-58]，承载力估值可能偏于保守，但有着良好的理论支撑。

可是，对于任意结构，构建相应的 STM 一直是一个难题。Schlaich 等[59]、Mezzina 等[60]建议根据弹性应力图重心确定荷载传递的最短路径；Muttoni 等提议参考连续有限元分析获得的主应力场[61]。但这些方法在面对错综的几何不连续性结构或复杂的荷载条件时，效果并不理想。近年来，拓扑优化另辟蹊径，展现出强大的 STM 构建能力。Biondini 等[62]、Ali 等[63]学者利用基结构法拓扑优化来寻找最优桁架系统和构建 STM；Liang 等[64]、林波等[65-66]借助 ESO 类算法得到的最优材料布局创建 STM；刘霞等在 GESO 算法来演化出 STM[67]；仲济涛等利用可双向演化的 ESO 类算法来衍生 STM[68]；Kwak 等[69]、Zhong 等[70]在 ESO 类算法中以微桁架单元代替连续体单元，生成拓扑解作为 STM 构建的依据；Bruggi 等使用 SIMP 算法来获取拓扑 STM[71-72]。

这些拓扑优化方法普遍表现出良好的图形演化能力，得到的拓扑解通常为类似一维杆系结构的几何图形。然而，即使抛开陷入局优、棋盘格现象或灰度干扰等算法运行问题，从视觉上看，这样的拓扑解与真正的 STM 仍有差别。这就必然存在一个中间转换环节，大多数学者[64-72]采用纯人工的手动转换，显然这一过程带有强烈的主观性；也有期望利用图形识别技术自动获取的[73-74]，但这一方式所得结果的可靠性还欠证实。正是因为不同设计者参考相同的拓扑解，很可能构建出有明显差异的 STM，由此又衍生出 STM 优劣评价这个新问题。Schlaich 等提出最优 STM 须应变能最小的简单评价标准[56]，但该标准过于严格，对应的最优 STM 难以实现；Zhong 等认为，可以从模型弹性应力场、裂缝扩展模拟和承载能力仿真三方面评判 STM[70]。Xia 等提倡从桁架适用性、抗拉区相似性和钢筋配筋率三方面展开 STM 评价[73-74]。总的来说，这些评价方法较客观；且相较于以试验验证为基础的评估方式，显著提高效率和降低成本，但科学性和可靠性还有待全面证实。

利用拓扑优化来构建 STM，对于 STM 理论指导钢筋混凝土构件设计的工程实现有着重大意义，因而有着良好的工程应用前景。但目前来说，从拓扑解到 STM 的转换过程仍然人工干预比较明显，欠缺既合理又系统的科学方法，有待更多研究。此外，建立 STM 时如何反映混凝土的材料非线性及混凝土结构的几何非线性特性，以及 STM 建立后如何参照其完成配筋设计，都需要日后进一步展开探讨。

1.4.2　压力路径

1988 年，Kotsovos 提出可以参考受压作用点到支座之间的荷载传递路径（即压力路径），开展简单而合理的混凝土结构设计[75]。然而，当位移边界和荷载工况复杂化后，对压力路径的预判较为困难。Kelly 等提出通过有限元分析得出主应力矢量以描述压力路径[76-77]，但这样的方式操作困难。

事实上，拓扑优化具备寻找压力路径的能力。Liang 等认为，ESO 类算法所获的拓扑解反映了钢筋混凝土构件中的压力路径[64]；而仲济涛等则借助可双向演化的 ESO 类算法演算出钢筋混凝土和预应力混凝土梁中的压力路径[68]；刘梅梅先基于最大刚度拓扑优化得到压力路径，再利用力学理论及等效原理，将筒形基础简化成梁来分析计算[78]；林波等利用 ESO 类算法优化体外预应力混凝土桥梁中独立矩形齿块[65]和角隅矩形齿块[66]的锚固区来分析压力路径，得出拱和桁架这两种荷载传递机制以指导配筋；Bruggi[79]运用基于拓扑优化的数值方法探讨了传统钢筋笼在平面内对压力路径的影响。

以上拓扑优化及所得压力路径都基于弹性分析结果，而钢筋混凝土构件可能日常带裂缝工作且存在损伤后应力重分布特性，势必造成压力路径非一成不变。这一变化过程甚至可能与破坏密切相关。因此，Zhang 等[80]利用拓扑优化方法设计钢筋混凝土剪力墙的静力试验数据，探讨了压力路径随着加载深入的变化规律及其与破坏过程的对应关系。

可见，运用拓扑优化描述压力路径，再指导钢筋混凝土构件配筋设计，是一条理论上可行，但实现还有困难的方式。困难主要体现在两个方面：一是考虑构件弹塑性特征的压力路径，难以拓扑演化；二是参照压力路径以完成配筋设计的过程，还停留在概念上。

1.4.3 多目标优化设计

钢筋混凝土结构设计通常要兼顾多个设计目标，如静动力荷载作用下的承载能力、日常运行下的正常使用等。这样的局面正是优化理论所擅长应对，而优化实践又较难处理的。发展多个目标下的优化理论是拓扑优化走向工程实践不可或缺的一环。

多荷载工况下的优化是广大学者首先关注的问题。Bruggi 等对多工况采用线性加权 SIMP 法来应对[71]，因未考虑荷载量级区分，可能存在荷载病态问题；张鹄志等利用不同荷载工况下的应变能或应力包络值构建优化灵敏度，将钢筋混凝土整体模式 GESO[81] 和钢筋离散模式 GESO[82] 都推广到混凝土构件多荷载目标配筋优化设计，优化中考虑了各工况荷载量级的影响，一定程度上避免了荷载病态问题，但包络的处理方式本质上有悖最优化思想；崔楠楠提出加权全局准则法和改进的线性加权法来调整 ESO 优化灵敏度计算，以应对在多工况下的预应力混凝土索塔锚固区优化问题[83]，但该方法在钢筋混凝土构件设计上的普遍适用性还有待证实。

目前，钢筋混凝土结构的多目标拓扑优化设计，还面临荷载量级差别较大引起的荷载病态问题、静动力荷载下的灵敏度构建困难，以及承载能力和正常使用这两种极限状态下的设计目标统一或分层等难点有待解决。

1.5　钢筋混凝土构件设计中拓扑优化的应用方式

当前，种类纷繁的拓扑优化方法应用到混凝土构件设计中，主要有四种方式：钢筋混凝土整体模式、钢筋离散模式、桁架模式和 3D 混凝土打印。前三种属于设计应用模式，即拓扑优化仅辅助工程设计，得到配筋图后再按传统施工工艺开展构件制作；3D 混凝土打印则从施工技术革新出发，对于构型复杂的拓扑解，从另一个角度给予了参照其完成设计并实现施工的可能性。

1.5.1 基于钢筋混凝土整体模式的应用

拓扑优化一般需要根据有限元分析结果去评定单元优劣次序，作为之后迭代优化的依据。钢筋混凝土整体模式即在有限元分析中将钢筋弥散于混凝土单元中，把它们视为连续、均匀的一种复合材料，采用表达钢筋和混凝土组合后单元特性的单元刚度矩阵。

基于钢筋混凝土整体模式的拓扑优化，是目前在混凝土构件设计中得到最多研究的拓扑优化方式。2000 年，Liang 等利用平面四节点应力单元的 ESO 类算法完成了钢筋混凝土深梁和牛腿的拓扑构形，再结合 STM 方法计算杆件内力并据此设计纵筋[64]；后来，Almeida 又将模拟单元改为平面三角形单元，以提高计算的适应性[84]，但这样易造成分析精度较低和结果图形边界不光滑；Bruggi[79] 等、Jewett[85] 等还研究了素混凝土构件只受压的拓扑形状，提供了不一样的思路；França[86] 在优化中考虑材料的非线性行为，以保证在涉及复杂混凝土结构问题时的安全性和可靠性。钢筋混凝土整体模式下的拓扑优化能最大化设计的自由，一般思路为先参考所得拓扑解来构建 STM 或压力路径，再通过力学分析来计算受拉杆件或区域的钢筋需求量，综合构造措施设计出配筋图，具体过程如图 1.2 所示。

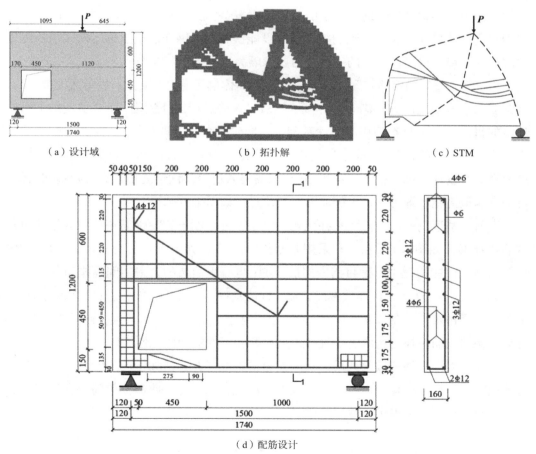

（a）设计域   （b）拓扑解   （c）STM

（d）配筋设计

图 1.2　基于钢筋混凝土整体模式拓扑优化的构件设计处理过程[87]

在钢筋混凝土整体模式中，视力学特性差异较大的钢筋和混凝土为连续、均匀的一种复合材料。在此基础上拓扑优化，优化对象注定是不明确的。于是，Victoria[88]提出在每代优化前的分析中增大受拉单元的弹性模量，逐代体现混凝土和钢筋的性能差异。但有学者对于这样得到的拓扑解是否能准确反映构件内部力的传递特性仍存疑问[89]，更有学者直接指出这可能并不能映射出混凝土结构内部所有的受拉区域[90]。

此外，位移边界和荷载工况越复杂的构件，基于钢筋混凝土整体模式拓扑优化得到的拓扑解通常也越不规则或不清晰，STM 或压力路径的构建须依靠设计人员的主观能动性，这种过高的技术要求使其难以实现工程普及。

1.5.2　基于钢筋离散模式的应用

钢筋离散模式，即在有限元分析中将钢筋和混凝土采用不同的单元，更精确模拟钢筋混凝土结构的真实工作情况。

刘霞等[67]、Luo 等[91]用弹性模量有差别的两种实体单元分别模拟钢筋和混凝土，使优化性能更直接地针对钢筋，同时可以按实际情况考虑混凝土的拉压性能差异。然而，因为采用实体单元，所以得到的拓扑解也没能摆脱基于钢筋混凝土整体模式拓扑优化时同样的困境，对设计人员的主观能力要求颇高。

为了得到直观的钢筋布置，Zhang 等[92]用实体单元模拟混凝土、线单元模拟钢筋，将钢筋以事先确定的方式满布设计域，然后对钢筋进行拓扑优化；还有学者出于保护环境的目的，减少材料使用，在此基础上还同时对混凝土进行优化[36, 93]或选定部分优化[90]。基于钢筋离散模式拓扑优化能直接得到钢筋的直径和布置等参数，较大程度地降低对设计人员的技术依赖，设计中仅需对其所得最优钢筋拓扑进行归整和简化，再综合构造措施，即可设计出配筋图。具体过程如图 1.3 所示。

当前，基于钢筋离散模式拓扑优化的结果十分受制于初始钢筋拓扑。常见的初始钢筋拓扑形式如图 1.4 所示，有采用紧密排布的[94]，如图 1.4（a）、（b）所示，优化性能与施工性能均适中，是目前应用最多的；也有更简洁的，采用间隔排布[92-95]，如图 1.4（c）、（d）所示，计算效率高，施工性能良好，但优化性能较逊；也有较复杂的，采用多角度排布[36]，如图 1.4（e）所示，优化解精度高，但计算烦琐，施工性能不佳。可见，初始钢筋拓扑的选取需要设计人员权衡施工性能和优化性能。

此外，采用钢筋离散模式后，有限元分析难度提升，比如钢筋单元和混凝土单元的节点耦合、界面处理，以及材料非线性和由此带来的计算收敛性等问题，相当于从另一方面对设计人员提出主观技术要求。

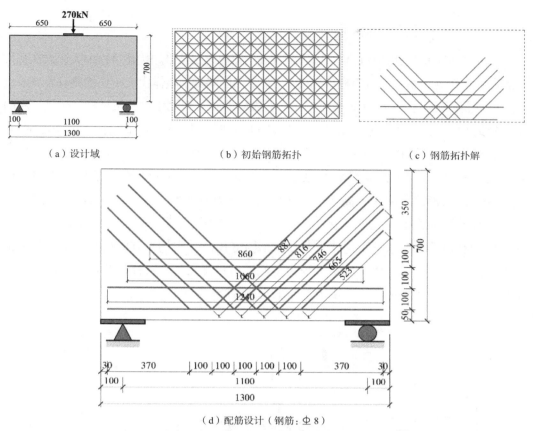

（a）设计域　　　　　　　（b）初始钢筋拓扑　　　　　　　（c）钢筋拓扑解

（d）配筋设计（钢筋：Φ 8）

图 1.3 基于钢筋离散模式拓扑优化的构件设计过程[95]

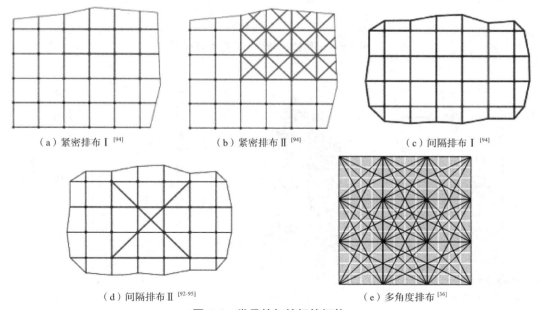

（a）紧密排布Ⅰ[94]　　　　　　（b）紧密排布Ⅱ[94]　　　　　　（c）间隔排布Ⅰ[94]

（d）间隔排布Ⅱ[92-95]　　　　　　　　　（e）多角度排布[36]

图 1.4 常见的初始钢筋拓扑

1.5.3　基于桁架模式的应用

基于钢筋离散模式拓扑优化可以得到直观的钢筋配置结果，优化过程中关注点在受拉纵钢——有限元分析中通常用杆单元模拟；基于钢筋混凝土整体模式拓扑优化有着高效过程，一般得到的拓扑解都为类桁架结构，且 STM 本质上也属于类桁架结构。于是，从确定受拉钢筋"杆件"和构建 STM 出发，都殊途同归地使基于桁架模式拓扑优化应运而生。

桁架模式，目前主要采用桁架单元以及较简单的材料本构，通过节点位移等效[89]或应变能等效[96]模拟钢筋混凝土的行为，所以结构分析的过程较钢筋混凝土整体模式和钢筋离散模式更简单、高效。它又可以细化为两种方式：一种是采用微桁架单元建立构件有限元模型来完成优化[69-70, 96]，如图 1.5 所示；另一种是完全采用杆单元建立构件的有限元模型来开展优化[89-100]，如图 1.6 所示。它们得到的拓扑解均与基于钢筋混凝土整体模式拓扑优化的结果较为类似，但相比之下，其杆件分化更为清晰，一定程度上消除了棋盘格现象，便于参考来构建 STM。

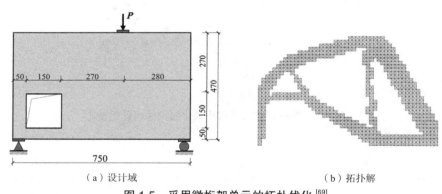

（a）设计域　　　　　　　　　　　（b）拓扑解

图 1.5　采用微桁架单元的拓扑优化[69]

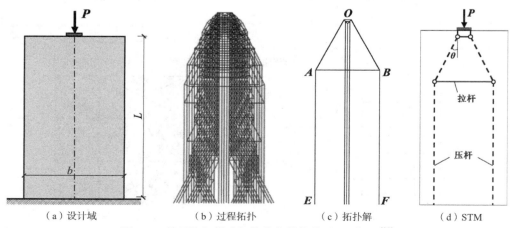

（a）设计域　　（b）过程拓扑　　（c）拓扑解　　（d）STM

图 1.6　基于桁架模式拓扑优化的构件 STM 构建[89]

较之基于钢筋混凝土整体模式拓扑优化，基于桁架模式拓扑优化得到的拓扑解在指导 STM 建立时，更能反映构件的拉应力分布和荷载传递机理[97]。但是，其仅采用杆单元，在模拟钢筋混凝土性能方面的能力先天不足，难以考虑混凝土裂缝开展、钢筋和混凝土界面处理等问题。

1.5.4　基于 3D 混凝土打印的应用

3D 打印，即通过计算机控制的定位程序，精确地将特定体积的材料按顺序分层放置或固化。它消除了对传统成型的需要，可以制造一些独特而复杂的形状。传统的钢筋混凝土结构多为现场施工，构型复杂的拓扑解难以实现，所以对于拓扑优化结合 STM 等方式，由于混凝土也参与了优化，要么需要复杂的设计转换，要么施工可行性需要提高，而 3D 混凝土打印技术的出现正是对后者的突破，表现出可期的应用前景。

当前，3D 打印技术应用到混凝土施工中，受困于混凝土在强度和组分尺寸等材料方面的特性，是不可能直接打印钢筋混凝土构件的，比较可行的方式是先 3D 打印混凝土模板，再完成相应现场钢筋绑扎和混凝土浇筑[101]。利用这种方式，有学者分别完成了参照拓扑解的钢筋混凝土梁[102]、板[103] 和预应力混凝土梁[104] 的设计与制作。证明这种新的施工方式出现后，使得拓扑优化辅助钢筋混凝土构件设计有了更大的可行性和更广阔的应用前景。

但总体上看，目前这种基于 3D 混凝土打印实现施工的拓扑优化设计方式在钢筋混凝土构件设计问题上应用较少，一方面是因为在大中型结构构件中运用这种方式还受制于 3D 打印机的规格和工作效率；另一方面，则因为高昂的模板打印成本，使得优化在节省方面的价值荡然无存，从而大规模应用受限。

1.6　本书的主要工作

本书主要介绍 ESO 类拓扑优化方法，以及基于钢筋混凝土整体模式的优化结果，在钢筋混凝土复杂受力构件中的应用。全书共 9 章：第 1 章主要介绍了优化，特别是拓扑优化及其相关算法的基本概念和分类，以及它们在土木工程中当前的应用情况；第 2 章主要讲述了 ESO 类算法的基本思路、运行特点及发展进程；第 3 章主要介绍了通过加窗进行改进的 ESO 类算法；第 4 章主要介绍了引入多等级材料后得到的 ESO 类算法；第 5 章主要探讨了位移边界与荷载工况对 ESO 类算法所得拓扑解的影响；第 6 章主要介绍了针对低周往复荷载作用下的结构开展拟静力优化的 ESO 类算法；第 7 章主要讨论了需同时考虑多种工程设计目标时的 ESO 类算法；第 8 章主要介绍了一种运用图形处理技术从拓扑解构建出静定桁架模型的新方法；第 9 章主要以土木工程中常见的混凝土复杂受力构件为算例，包括短梁、深梁和箱梁，展开 ESO 类算法辅助设计的应用研究。

　　需要说明的是，在 ESO 类算法中，经典 ESO、BESO、GESO 等算法在数学模型上基本相同，但各自采用了不同的优化准则，所以优化结果从整体上看大体相近；但从图形细节上和最优性评价来看，又各不相同。相当于从某种意义上来说，这些具体算法的优化精度和寻优能力不尽相同。此外，优化准则的不同也导致了它们的优化效率有一些差异。也就是说，这些具体的算法各有优势，运用时需要权衡优化精度与计算效率进行选取。因此，在后续章节的算例中，针对优化对象的不同复杂程度，优化所采用的具体算法也不尽相同。当然，对于这些算例，本书所采用的算法并不是特定的，换成 ESO 类算法中其他的具体算法，应当依然是可行的。只是优化精度与计算效率未必能同时达到令人满意的水平。有兴趣的读者可以自行尝试。

第 2 章　渐进结构优化类算法

2.1　概述

早在 1993 年，ESO 算法被 Xie 提出[105-107]，由于其寻优效率高、易实现，很快在土木工程领域受到关注，用以寻找某些设计或施工目的下拓扑解。近 30 年来，这种算法得到逐步发展，改进出一系列优化能力和效率更高的算法，人们通常将这些算法统称为渐进演化类算法（即 ESO 类算法）。这类算法基本都是先利用有限元软件，对结构进行力学分析，借助分析结果获取每一个单元的灵敏度并对之进行排序，以此判断单元对于结构性能指标的贡献度，再基于某个预设的优化准则，逐步确定性或概率性地删除对整体结构性能指标贡献较低的单元，甚至还可以逐步确定性或概率性地增加对结构性能指标贡献较大的材料，促使结构向最优化解进化，最终使得结构能够在满足特定性能指标的前提下尽可能地降低材料的消耗，从而降低建造成本。

2.2　ESO 算法的基本思路

ESO 算法的基本思路为根据有限元分析的结果，获取每一个单元的灵敏度并对之进行排序，以此判断单元对于结构性能指标的贡献度，再基于某种预设的优化准则，从结构中逐渐删除低效和无效材料，使结构的形状向最佳结构进化。在结构基本性态约束下如此删除单元，结构通常最终向桁架进化；同时，保留的结构布局趋向优化[106]。

将工程实际问题转化为数值计算问题，必须先建立能描述该实际问题的数学模型。虽然 ESO 算法经提出后，被证实具有较好的寻优能力，但是该方法的数学模型及理论基础一直没有被充分的论证，直到 Tanskanen[107] 给出了一个较为合理的数学解释，构建并完善了 ESO 算法的理论基础。

结构优化问题首先可分无约束优化问题和有约束优化问题两大类，无约束优化问题是指设计变量可任意取值；有约束问题是指设计变量的取值只能在一定范围内变化。其次，边界约束和固有约束是从约束的性质划分而来，边界约束主要用于设定特定范围内设计变量的变化范围；结构设计中，固有约束条件一般是根据现有的结构设计规范中的公式根据设计要求或某些特定数值限定而设定的一种约束条件。最后，从数学方程式求解的角度来讲，约束方程分为不等式约束和等式约束两种。

设计变量的选取、约束条件的确定和目标函数的设定是明确 ESO 的数值计算的三个必备要素，是决定 ESO 能否顺利完成的基础。在数值计算中，随着计算的进行而发生变化的初始设计参数称为设计变量，在优化计算中其值主要随着灵敏度取值的改变而发生改变，通过提高数值计算的稳定性，从而提高结构优化性能。在结构拓扑优化设计中，初始参数的种类很多，其中有大多数参数是用来描述结构的力学特性而不能改变，如弹性模量、材料密度等，而另外一些参数会随着优化进程的改变而做出相应的改变，如结构的尺寸、单元厚度等。数值计算中，设计变量数目的多少，决定了优化计算的难易程度和计算工作量大小，因此设计变量的选取越少，解的精确度就越高。

接下来的推导以单元的厚度为唯一设计变量，其他变量的推导情况与此类似。原始 ESO 算法实质上是一种 0-1 优化，即在其数学模型计算中，设计域中每个单元的厚度只存在两种状态，为 0 则代表有材料，为 1 则代表没有材料，其约束条件可表示为：

$$0 \leqslant t_i \leqslant t^{\max} \quad i=1,\cdots,n \tag{2.1}$$

式中，n 为本次有限元计算中剩余单元总数，$t^{\max}$ 为参与计算中各个单元的最大厚度取值。

目标函数是对设计变量设定的一种准则函数。其反映了结构优化计算中所追求的某项特定数值目标，通过数值的大小来衡量拓扑解的优劣。先以优化问题中经典的 Michell 桁架理论来说明这个问题，Michell 桁架中的应变能 $C_{\mathrm{M}}^{\mathrm{ext1}}$ 不大于拥有相同体积 V^1 的任何其他桁架的应变能 $C_{\mathrm{T}}^{\mathrm{ext1}}$[107-108]，其表示为：

$$C_{\mathrm{M}}^{\mathrm{ext1}} \leqslant C_{\mathrm{T}}^{\mathrm{ext1}} \tag{2.2}$$

当 $V_{\mathrm{M}}=V_{\mathrm{T}}=V^1$ 时时，式（2.2）两边同时乘以 V^1 得：

$$C_{\mathrm{M}}^{\mathrm{ext1}} V^1 \leqslant C_{\mathrm{T}}^{\mathrm{ext1}} V^1 \tag{2.3}$$

当 $V_{\mathrm{M}}=V_{\mathrm{T}}=V^2$ 时，式（2.2）两边同时乘以 V^2，可改写为：

$$C_{\mathrm{M}}^{\mathrm{ext2}} V^2 \leqslant C_{\mathrm{T}}^{\mathrm{ext2}} V^2 \tag{2.4}$$

在 Michell 桁架中有：

$$C_{\mathrm{M}}^{\mathrm{ext1}} V^1 \leqslant C_{\mathrm{M}}^{\mathrm{ext2}} V^2 \tag{2.5}$$

最后，在式（2.3）和式（2.4）的基础上有：

$$C_{\mathrm{M}}^{\mathrm{ext1}} V^1 \leqslant C_{\mathrm{T}}^{\mathrm{ext2}} V^2 \tag{2.6}$$

式（2.6）表明，相同条件下，Michell 桁架中应变能与体积之积总是小于其他所有类似解，且不受体积的影响，其最优化问题表示为：

$$\min\left[C^{\text{ext}}\left(\{t\}\right)\cdot V\left(\{t\}\right)\right] \tag{2.7}$$

式中，V 为设计域内结构的总体积。为更清晰地表示目标函数的梯度向量，对式（2.7）做如下变换：

$$\min\left[C^{\text{ext}}\left(\{t\}\right)\cdot V\left(\{t\}\right)\right]=\min\left[\ln\left[C^{\text{ext}}\left(\{t\}\right)\right]+\ln\left[V\left(\{t\}\right)\right]\right] \tag{2.8}$$

在确定的目标函数、设计变量、约束条件下，优化问题可以表示为：

$$\min\left[\ln\left[C^{\text{ext}}\left(\{t\}\right)\right]+\ln\left[V\left(\{t\}\right)\right]\right]\qquad 0\leqslant t_i\leqslant t^{\max}\quad i=1,\cdots,n \tag{2.9}$$

线性逼近法通常用于求解非线性规划问题，其通过对逼近点附近对目标函数转化为线性规划计算，最后通过线性规划法求解该问题。整个计算中，逼近点越多，其结果越逼近真实解。在拓扑优化中用线性逼近法求解最优问题中，设定在点 $\{t^*\}$ 将目标函数线性化为：

$$f\left(\{t\}\right)=f\left(\{t^*\}\right)+\{\Delta f^*\}^{\text{T}}\left(\{t\}-\{t^*\}\right) \tag{2.10}$$

则最后的线性优化问题表示为：

$$\min\left|f\left(\{t\}\right)=f\left(\{t^*\}\right)+\{\Delta f^*\}^{\text{T}}\left(\{t\}-\{t^*\}\right)\right|\qquad 0\leqslant t_i\leqslant t^{\max}\quad i=1,\cdots,n \tag{2.11}$$

将上式整理为：

$$\{\Delta f^*\}^{\text{T}}=\left[\frac{1}{C^{\text{ext}*}}\cdot\frac{\partial C^{\text{ext}*}}{\partial t_1}+\frac{1}{V^*}\cdot\frac{\partial V^*}{\partial t_1},\cdots,\frac{1}{C^{\text{ext}*}}\cdot\frac{\partial C^{\text{ext}*}}{\partial t_n}+\frac{1}{V^*}\cdot\frac{\partial V^*}{\partial t_n}\right] \tag{2.12}$$

式中，设 $\dfrac{\partial V^*}{\partial t_i}=A_i$，其中 A_i 为第 i 个单元的平均面积，在拓扑优化中基于应变能灵敏度且不考虑自重条件下，式（2.12）中部分求导方程可做如下变换：

$$\frac{\partial C^{\text{ext}*}}{\partial t_1}=-\frac{1}{2}\,\boldsymbol{u}^{\text{T}}\,\frac{\partial K}{\partial t_i}\,\boldsymbol{u}=-\frac{C_i^{\text{int}}}{t_i} \tag{2.13}$$

则梯度向量可表示为：

$$\frac{\partial f^*}{\partial t_i}=-\frac{1}{C^{\text{ext}*}}\cdot\frac{C_i^{\text{int}*}}{t_i}+\frac{1}{V^*}\cdot A_i=-\frac{1}{C^{0*}V^*}\cdot\frac{V_i C_i^{0*}}{t_i}+\frac{1}{V^*}\cdot A_i=\frac{A_i}{V^*}\left[1-\frac{C_i^{0*}}{C^{0*}}\right] \tag{2.14}$$

式中，C^{0*} 为结构平均应变能，C_i^{0*} 为第 i 号单元的平均应变能。优化计算中舍去梯度值最大的单元，即舍去应变能最小的单元。当所有单元的应变能与结构平均应变能相同时，梯度向量等于零，则结构应变能达到最佳分布。而上述方程线性化完成后，最小值问题即可用线性规划方法求解。

已有的研究证明，ESO 算法的目标与 Michell 桁架类似，目前在土木工程中运用 ESO 类算法时，多以给定质量下最大化结构刚度，或指定结构性能指标下最小化结构体积（质量）为目标。以后者为例，数学模型可表达为：

$$\begin{cases} 最小化 \quad f(x)=\sum w_i x_i; \; i=1,2,\cdots,n \\ 服从 \quad g_j \leq 0 \qquad ; j=1,2,\cdots,m \\ \qquad g_p = 0 \qquad ; p=1,2,\cdots,k \end{cases} \tag{2.15}$$

式中，x_i 为 0-1 设计变量，0 表示单元被淘汰，1 表示单元存活；w_i 为第 i 个离散单元的质量，n 为初始设计域中离散有限元单元数量，g_j 和 g_p 分别为不等式和等式约束方程，m 和 k 为不等式和等式约束的个数。

值得注意的是，从数值理论的推导中可知，线性逼近法在求拓扑解的过程中，通过寻找设计域的顶点来判定结构是否达到最优。然而，在实际问题中，线性规划的最优解极限值可能陷入了局部最优；而相对于结构整体来说，其最值点存在于该顶点以外的另一个顶点处。近似计算本身会产生一定的误差，且随着迭代计算次数的增加累积误差也会相应增加，这也导致了 ESO 过程中存在对单元依赖较大和容易陷入局部最优的问题。

2.3 优化方向

当前，基于优化方向的优化准则，包括正向优化、反向优化以及结合两者而形成的双向优化。正向优化即初始域是满设计域，优化过程单向删除低效和无效材料，演化出拓扑解；反向优化则刚好相反，初始域仅存在必要单元，优化过程单向补充高效材料，演化出拓扑解；双向演化结构优化（Bi-directional ESO，简称 BESO）则取两者所长，可能从正向优化开始，也可能从反向优化开始。但伴随优化的进行，迭代过程维持着一边删除低效材料和无效材料、一边补充高效材料的双向演化状态，最终演化出拓扑解。

从材料力学来看，深梁不满足平截面假定，属于典型的复杂受力构件，与适用于传统抗弯和抗剪理论的浅梁受力有明显区别。下面以深梁为例，探讨优化准则中优化方向对优化过程及结果的影响。由于结构功能的需要，荷载有时作用于深梁下部，形成所谓的吊挂荷载。如料仓、水箱的侧壁及高层建筑的墙梁等，都属于下部受荷深梁。对三点承载的简支开洞墙梁[109]进行优化，算例的结构尺寸为 2000mm×1000mm，有两个对称洞口，洞口尺寸均为 500mm×500mm，洞口位置及其他具体的几何尺寸如图 2.1 所示，梁底四分点处分别施加大小为 P=40kN 的 3 个集中荷载。

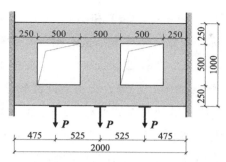

图 2.1　固支开洞深梁算例的设计域

　　算例的优化以 ANSYS 有限元软件为平台，假定结构材质均匀、各向同性，且所有结构处于平面应力状态。因此，选用 plane82 单元将钢筋和混凝土视为复合材料，对其线弹性行为进行模拟。建模时输入的材料弹性模量为 $3.0 \times 10^4 \text{N/mm}^2$，泊松比为 0.2，网格划分时单元尺寸设定为 $20\text{mm} \times 20\text{mm}$，对结构进行线弹性分析，即仅考虑结构弹性阶段的变形，忽略裂缝的开展和塑性阶段的变形，在此参数设置下建立的有限元模型可以模拟钢筋混凝土共同工作下梁弹性阶段的受力变形情况。ESO 算法和 BESO 算法均设定每代淘汰单元个数为 20，BESO 算法还设定每代复活单元数为 5。ESO 算法和 BESO 算法的具体操作流程分别依据文献 [105] 和文献 [110] 的建议，该算例在这两种算法下的优化过程分别如图 2.2 和图 2.3 所示。

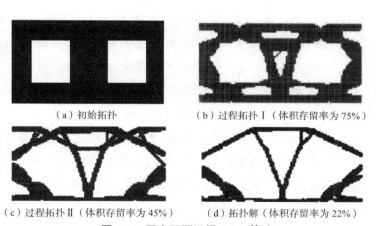

（a）初始拓扑　　　　　　　　　（b）过程拓扑Ⅰ（体积存留率为 75%）

（c）过程拓扑Ⅱ（体积存留率为 45%）　　（d）拓扑解（体积存留率为 22%）

图 2.2　固支开洞深梁 ESO 算法

（a）过程拓扑Ⅰ　　　　　　（b）过程拓扑Ⅱ　　　　　　（c）拓扑解
（体积存留率为 75%）　　　（体积存留率为 45%）　　　（体积存留率为 25%）

图 2.3　固支开洞深梁 BESO 算法

两种算法初期差别不大，如图 2.2（b）和图 2.3（a）所示。仅 ESO 算法所得的拓扑在跨中出现局部不对称的现象，整体上结构左侧单元数量略多于右侧单元；该现象在后续优化过程中进一步放大，如图 2.2（c）所示，在整个结构顶部尤为明显；最终，ESO 算法得到的拓扑解，如图 2.2（d）所示，即使较之 BESO 算法所得的多删除 3% 的单元量，但依然在顶部呈现明显的不对称。而 BESO 算法的拓扑演化在整个过程中对称性保持相对较好，如图 2.3（a）、（b）所示，仅在最后阶段两侧底部出现轻微不对称现象，如图 2.3（c）所示，且对拓扑解影响不大。此外，与 ESO 算法所得拓扑解略有不同的是，BESO 算法所得拓扑解的拓扑解在跨中腹部保留有一根水平系杆。

经统计，以上算例中，相同计算机硬件条件下，BESO 算法用时约为 ESO 的两倍，这主要是因为 BESO 算法在完成类似 ESO 算法的灵敏度计算以删除部分单元后，还需要对当前被删除的所有单元进行二次灵敏度计算以复活部分单元，所以耗时更长。

经分析，两种算法的优化过程和拓扑解表现出一定异同，这是因为：

（1）根据文献 [111] 推导得到的此类结构的 Michell 桁架解（即符合满应力的解析解），由于洞口位置对上部压杆分布的影响，该结构的跨中腹杆不可能为一根竖直拉杆，图 2.2 和图 2.3 中的斜腹杆分布很大程度上符合 Michell 桁架解的杆件分布特性。

（2）图 2.3（c）所示的 BESO 算法所得的拓扑解中，跨中腹部水平系杆的两端结点处，上下的斜腹杆间存在小角度的夹角，而图 2.2（d）所示的 ESO 算法所得的拓扑解中，该位置没有折角。对这两个拓扑解建立桁架模型完成结构力学计算可知，一方面，图 2.3（c）中这根水平系杆对于保证其两侧的压杆稳定有着重要的意义；另一方面，图 2.3（c）中斜腹杆的轴力大幅小于图 2.2（d）中的斜腹杆。由此可见，BESO 算法寻得的拓扑解优于 ESO 算法所得的拓扑解。

（3）BESO 算法比 ESO 算法寻优能力更强，是因为其优化准则中存在的复活机制。当发生删除单元引起拓扑优化进程向局优解进化或产生某种不可预知的优化畸变时，能够通过对被删除单元的灵敏度二次计算结果，复活一定比例的单元。

2.4　优化的确定性

基于确定性与否的优化准则，可以分为确定性优化和概率性优化。确定性优化准则是指在优化过程中选择删除的无效材料或增加的有效材料完全根据结构计算的结果，优胜劣汰。ESO 算法和 BESO 算法都是采用这种优化准则，故都属于确定性优化算法。然而，近年来有学者指出，ESO 算法和 BESO 算法都不能保证所得解是最优解，有时甚至完全偏离最优解，并有实例为证 [112-113]。

即便没有任何数学理论支持的情况下，对 GA 能找到最优解的能力，持怀疑态度的人也很少，因为生物进化的历程和结果是所有人有目共睹的。在生物进化过程中，种群和自然选择的作用是关键。种群间个体的杂交使基因一代代延续、交换、扩展、变异，提高了基因的适应性。进化过程中，个体会消亡；但组成个体的基因不会消亡，自然选择淘汰劣质基因，使优秀基因更优、更适应环境。换而言之，生物进化中最适应环境的个体是拥有各种优秀基因组合的个体。模仿这种生物进程的优化算法不同于枚举法，它的寻优思想比枚举法更高明，计算效率更高。因此，GA 鲁棒性强，找到全局最优解的可能性大，但现实运用时计算单元多、种群数目大、重分析的代价太高。与别的拓扑优化算法相比，计算效率低[114]，目前的研究多集中于桁架结构的拓扑优化[115]。

因此，从 ESO 算法出发，再换一个思路，借鉴 GA 选择个体的方法，将单元由定量舍去转为概率舍去，应当可以提高 ESO 算法寻找全局最优解的能力，这就衍生出采用概率性优化准则的 GESO 算法。GESO 算法将 ESO 算法初始设计域中的每个单元都可看成 GA 群体中的一个个体，初始设计域中的所有单元就组成了一个群体。原来 ESO 算法中针对每个单元计算的灵敏度可作为评价单元优劣的适应度。根据 GA 准则，适应度高的个体存活概率更大，也就是单元被保留的机会更大；适应度低的个体被保留的机会小，也就容易被舍去。最后存活在群体中的个体都是经过遗传算子操作后存活下来的适应度很高的个体，由这些个体组成的拓扑将会是一个最优的拓扑解。这种挑选单元的方式与 ESO 算法相比，有了本质的进步，计算效率比完全利用 GA 寻优也得到了明显提高，并且实际选择优化单元的方式具有一定的随机特性，所以，重复一次完整的优化过程可能会得出有所区别的解，但大多数解应大同小异。

选用与 2.3 节相同的构件尺寸和荷载条件，但将原有的两端固支换成了两端铰支，如图 2.4 所示，其他有限元分析参数及优化参数的选取基本与 2.3 节算例相同，ESO 算法和 GESO 算法的优化过程分别如图 2.5 和图 2.6 所示，其初始拓扑均参见图 2.2（a）。对于多点加载的简支开洞深梁，两种算法初期即在跨中的受压区表现出显著的差别，如图 2.5（a）和图 2.6（a）所示，并且造成该区域接下来优化过程中腹杆角度及腹部间拉杆位置的明显差异，如图 2.5（b）和图 2.6（b）所示。该区域的拓扑解也有着较大的区别，ESO 算法所得拓扑解的两根斜压杆在底部交于一点；而 GESO 算法所得拓扑解的两根斜压杆向下分别转成竖直压杆，形成了两条完全不相交的压力路径，如图 2.5（c）和图 2.6（c）所示。经统计，以上算例中，相同计算机硬件条件下，ESO 算法用时约比 GESO 算法节省 50% ~ 60%。这是由于 GESO 算法需要进行遗传的仿生过程，每一次迭代都需要进行选择、杂交和变异，造成优化效率下降。由此可见，ESO 算法尽管优化能力略弱于 GESO 算法，但却有着更高的优化效率。

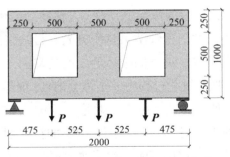

图 2.4　简支开洞深梁算例的设计域

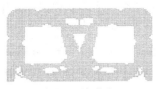

（a）过程拓扑 I　　　　　　　　（b）过程拓扑 II　　　　　　　　（c）拓扑解
（体积存留率为 82%）　　　　　（体积存留率为 57%）　　　　　（体积存留率为 30%）

图 2.5　简支开洞深梁 ESO 算法

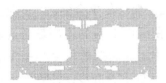

（a）过程拓扑 I　　　　　　　　（b）过程拓扑 II　　　　　　　　（c）拓扑解
（体积存留率为 83%）　　　　　（体积存留率为 55%）　　　　　（体积存留率为 25%）

图 2.6　简支开洞深梁 GESO 算法

两种算法的优化过程表现出较大差异，经分析，这是因为：

（1）ESO 算法采用每代固定删除单元数量或者删除率，当部分区域内单元的灵敏度值十分接近时，也可能因删除数量和浮点精度的影响而产生不对称的单元删除，并在随后的优化过程中因应力重分布和应力集中加剧这种误差的发展。而 GESO 算法则会在计算完灵敏度后对单元进行变异和杂交等遗传过程，再计算单元的适应度和每个单元被删除的概率。正是因为这种全设计域内概率性选择删除方式，一方面很大程度上降低了浮点计算精度产生误差的可能；另一方面，即使早期有一定的误删发生，之后的概率性选择删除也能在一定程度上消除这种误删带来的影响。

（2）根据文献 [111] 推导的此类结构的 Michell 桁架解（即符合满应力的解析解），压杆之间的夹角整体上均匀分布，对称轴附近适当减小。对比两种算法下的拓扑解，GESO 算法所得的拓扑中一直保持着 Michell 桁架解的压杆分布特性，如图 2.6（b）、（c）所示。它们上部斜拉杆的夹角要明显小于 ESO 算法所得的拓扑中相同的部位，如图 2.5（b）、（c）所示，即 GESO 算法所得的拓扑解对应的结构，稳定性应当会明显强于 ESO 算法所得。由此可知，GESO 算法对于复杂应力构件的优化能力强于 ESO 算法。此外，对于荷载条件、边界条件或传力路径较模糊的构件，确定性优化准则误删单元的可能性更大（根据实例研究所知，对于受力简单、传力路径明显的结构，ESO 算法和 GESO 算法优化结果十分相似，误差易收敛）。由图 2.5（c）和图 2.6（c）还能看出，ESO 算法拓扑解的体积剩余率为 30%，较 GESO 算法高出 5% 且其棋盘格现象更严重（如各杆相交的结点处）。因此，无论从拓扑的对称性还是清晰度来说，GESO 算法所得的解都相对较优。

2.5 双向概率性优化

2.5.1 基本思路

单向和确定性优化准则的 ESO 算法，在面对较复杂的工程对象时，易于优化早期误删的单元，导致优化过程出现畸变或陷入局部最优。GESO 算法引入 GA 的概率思想，可以在一定程度上避免因确定性优化准则造成的误删；而 BESO 算法则通过改进出双向优化准则，前期的误删单元有了被复活的可能，同样能避免过早删除最优解单元的问题。GESO 算法的概率性优化准则和 BESO 算法的双向优化准则，均能在很大程度上减少优化过程中误删单元的问题，避免优化结果陷入局部最优解。

然而，GESO 终因不可复活误删单元而存在局限性，BESO 也终因确定性的优化准则而存在一定的弊端，所以它们的全局寻优能力依然还需进一步加强。将概率性优化准则和双向优化准则结合，发展出遗传双向演化结构优化（Genetic BESO，简称 GBESO）算法是一条显而易见的思路，因此，在 BESO 的基础上，引入交叉与变异等遗传思想，即得到传统的 GBESO 算法[116-117]，概率性和启发式地删除和恢复数量不定的单元。首先，为每个单元建立一个包含若干基因代码 1 的染色体数组，设置初始交叉概率 P_c^0 和变异概率 P_m^0；在此基础上，之后每代优化的交叉概率 P_c 和变异概率 P_m 逐渐增大。在每一次迭代优化中，先完成结构的有限元分析；再依次提取每个单元的应变能作为其灵敏度值并执行灵敏度过滤，基于过滤后的灵敏度值大小将所有单元划分高、中、低三组；然后，执行交叉操作来使配对的单元互换一部分编码，每一组中单元与同组中单元的交叉概率为 P_c，与其他两组中单元的交叉概率均为（$1-P_c$）/2；再对高组单元染色体数组中为 0 的基因代码按变异概率 P_m 执行变异成 1 的操作，同时对低组单元染色体数组中为 1 的基因代码也按变异概率 P_m 行变异成 0 的操作；最后，根据单元基因代码的状态执行删除和恢复单元的相应操作，即当某个存留单元全部基因代码均为 0 时，则删除该单元；反之，当某个已删除单元一半以上的基因编码为 1 时，则恢复该单元。重复进行数次优化迭代后，当迭代优化同时满足体积约束和收敛准则时，迭代终止。需要指出的是，随着变异概率 P_m 和交叉概率 P_c 的逐渐增大，尽管加快了优化速度，易于得到光滑的拓扑结构，但是降低了遗传操作的参与度和减小了优化中搜索全局最优解的范围。因此目前看来，这些已有的 GBESO 算法得到的拓扑解一般与 BESO 算法得到的解相差无几，表明其跳脱局优的能力仍有待提高。

对传统 GBESO 算法，按以下策略改进其优化准则：

（1）每次迭代优化前仅针对存留单元执行重新分组操作。其中，高组的单元数量恒定为与体积约束对应，低组和中组则按单元数量平分余下的存留单元。

（2）每次优化迭代中，当高组中存在含有基因代码 0 的单元时，对该单元中的一个基因代码执行确定性的从 0 变为 1 的进化操作；当低组中存在含有基因代码 1 的单元时，对该单元中的一个基因代码执行确定性的从 1 变为 0 的惩罚操作。

（3）将交叉概率 P_c 设置为定值，以保证优化过程始终有较大的全局搜索范围。由于每次分组操作仅针对存留单元开展，所以每次交叉操作也仅对存留单元执行。

（4）增设一个全局变异操作。设定一个恒定的全局变异概率 P_m'，每一次迭代中，每一个单元的每一个基因代码都按该全局变异概率 P_m' 执行从 0 变为 1 或从 1 变为 0 的变异操作，以此增加随机性的方式提高优化过程对全局最优解的搜索能力。为避免引起优化的紊乱，该全局变异概率 P_m' 须取值很小，建议取 0.001 ~ 0.002。

（5）按周边存留高组单元的数量情况，直接分段概率性地恢复已删除单元。对每一个已删除单元，先按其周边存留的高组单元数量计算恢复优先级参数 β：

$$\beta = n_1 + \delta n_2 \tag{2.16}$$

式中，n_1 表示该已删除单元邻边四单元中的存留的高组单元数量；n_2 表示该已删除单元邻角四单元中存留的高组单元数量；δ 为邻角单元与邻边单元的影响比值系数，取值必须满足 $0 < \delta < 1$。经试算，本书建议取 0.6。算得优先级参数 β 后，再根据它选择恢复概率 q：

$$q = \begin{cases} 0 & 当\beta \leqslant 0.6时 \\ q_a & 当\beta = 1.0时 \\ q_b & 当\beta = 1.2时 \\ q_c & 当\beta = 1.6时 \\ 1 & 当\beta \geqslant 1.8时 \end{cases} \tag{2.17}$$

式中，q_a、q_b 和 q_c 为分段设置的恢复概率，一般要求 $0 \leqslant q_a \leqslant q_b \leqslant q_c \leqslant 1$。经试算，本章中 q_a、q_b 和 q_c 分别取 0.5、0.7 和 0.9。最终，按恢复概率 q 执行恢复操作。

2.5.2 优化步骤与流程图

改进 GBESO 算法的操作步骤如下：

（1）定义材料参数，建立有限元模型，划分有限元网格。赋予每个单元二进制编码；

（2）设定优化参数。包括体积约束 V^*，交叉概率 P_c，全局变异概率 P'_m；

（3）有限元分析；

（4）提取存留单元应变能作为灵敏度，并进行灵敏度过滤[118]；

（5）单元分组；

（6）高灵敏度组单元进化与低灵敏度组单元惩罚；

（7）交叉操作与全局变异操作；

（8）删除操作与恢复操作；

（9）优化终止判定。判断是否达到预定的体积约束与收敛准则，是则优化终止，输出拓扑解；否则，回到步骤（3），重复步骤（3）~（9）。优化流程如图 2.7 所示。

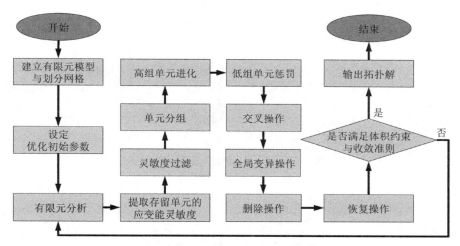

图 2.7　改进 GBESO 算法的流程图

2.5.3　数值算例

算例相关的有限元分析和优化均在通用有限元软件 ANSYS 的二次语言开发 APDL 平台上实现。

1. 钢筋混凝土牛腿算例

某钢筋混凝土牛腿，尺寸及荷载参数如图 2.8 所示。弹性模量为 $2.8 \times 10^4 Pa$，泊松比为 0.2，选用八节点四边形的 plane82 单元，单元尺寸取 25mm。每个单元染色体数组中包含 4 个基因代码，取交叉概率 P_c=0.6、全局变异概率 P'_m=0.002，优化中灵敏度过滤半径取 2 倍单元边长，优化的体积约束设为 40%。

优化过程与结果如图 2.9 所示。其中，图 2.9（a）为两种优化均采用的相同的初始拓扑，考虑 GBESO 算法存在的概率性，开展了 10 次改进 GBESO，产生了三类拓扑解。虽然 GBESO 算法的概率性演化特性使得每一个拓扑解几乎不可能完全一

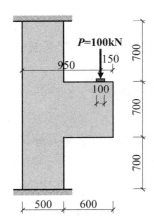

图 2.8　钢筋混凝土牛腿算例的设计域

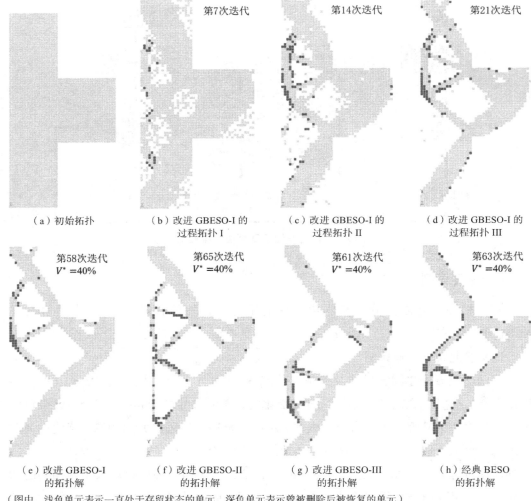

（a）初始拓扑　　（b）改进 GBESO-I 的　　（c）改进 GBESO-I 的　　（d）改进 GBESO-I 的
　　　　　　　　　　过程拓扑 I　　　　　　　过程拓扑 II　　　　　　　过程拓扑 III

（e）改进 GBESO-I　　（f）改进 GBESO-II　　（g）改进 GBESO-III　　（h）经典 BESO
　　的拓扑解　　　　　　的拓扑解　　　　　　　的拓扑解　　　　　　　的拓扑解

（图中，浅色单元表示一直处于存留状态的单元，深色单元表示曾被删除后被恢复的单元）

图 2.9　钢筋混凝土牛腿算例的优化

致，但每一类中的拓扑解在构型上是几乎相同的，仅存在细节上的单元差别。在开展的 10 次改进 GBESO 中，有 3 次改进 GBESO 得到了第一类拓扑解，编号归为改进 GBESO-I。图 2.9（b）~（e）详细展示了其中一次优化中相应的部分过程拓扑以及拓扑解；仅 1 次改进 GBESO 得到了第二类拓扑解，如图 2.9（f）所示，编号为改进 GBESO-II；有 6 次改进 GBESO 得到了第三类拓扑解，如图 2.9（g）所示，编号归为改进 GBESO-III；同时，运用经典 BESO 算法[118]，取进化率为 1.5% 完成对比优化得到的拓扑解，如图 2.9（h）所示。此外，除特别说明的外，两种优化算法的其余相关参数均设为一致。从图 2.9（e）~（h）可以看出，出现概率最高的改进 GBESO-III 的拓扑解与经典 BESO 的拓扑解基本相同，而改进 GBESO-I 与改进 GBESO-II 的拓扑解在构型上与经典 BESO 的拓扑解都呈现出显著差别。

对以上结果开展分析与讨论：

（1）相比 BESO，改进 GBESO 有一定概率得到更符合优化目标的拓扑解。算例以相同体积下结构总体积应变能最小为优化目标，改进 GBESO-I 的拓扑解的结构总体积应变能指标为 3.4287×10^6 N · mm，改进 GBESO-II 的拓扑解的该指标为 3.4987×10^6 N · mm，而经典 BESO 拓扑解的该指标为 3.5485×10^6 N · mm。显然，改进 GBESO 可能得到在同体积约束下结构总体积应变能更小的拓扑解。

（2）以上优化算法得到的拓扑解都符合 Michell 准则。根据 Michell 准则，Michell 型桁架结构为应力约束下重量最小的结构，其要求平面结构布局中相交的拉杆和压杆必须保持正交[111]。按照文献 [73-74] 推荐的提取图形骨架确定结点以构建 STM 的方法，分别参照有显著差别的改进 GBESO-I、改进 GBESO-II 以及经典 BESO 的拓扑解，构建相应的 STM，如图 2.10 所示。显然，图 2.10（b）、（d）、（f）所示的 STM 都属于类 Michell 型桁架结构。

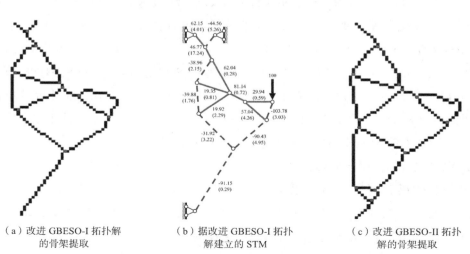

（a）改进 GBESO-I 拓扑解　　　（b）据改进 GBESO-I 拓扑　　　（c）改进 GBESO-II 拓扑
　　的骨架提取　　　　　　　　解建立的 STM　　　　　　　　解的骨架提取

图 2.10　钢筋混凝土牛腿算例的拓扑解骨架提取与 STM 构建（一）

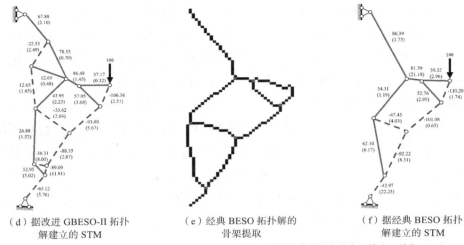

（d）据改进 GBESO-II 拓扑　　　（e）经典 BESO 拓扑解的　　　（f）据经典 BESO 拓扑
　　解建立的 STM　　　　　　　　　骨架提取　　　　　　　　　解建立的 STM

（STM 图中虚线表示压杆，实线表示拉杆；括号内、外的数字分别为剪力、轴力，单位：kN）

图 2.10　钢筋混凝土牛腿算例的拓扑解骨架提取与 STM 构建（二）

（3）相比 BESO，据改进 GBESO 可能建立出更符合建立要求，同时也更优的 STM。首先，基于结构整体剪力水平应尽可能低的要求定义 STM 建立要求指标 S[74]：

$$S = \frac{1}{n}\sum_{e=1}^{n}\frac{|N_e|}{|N_e|+|V_e|}\qquad(2.18)$$

式中，N_e 为杆件轴力，V_e 为杆件剪力，n 为杆件数量。S 值越大，即表明该 STM 内杆件的整体剪力水平越低，越符合 STM 的建立要求。再根据最小应变能原理，定义 STM 评价指标 H[55]：

$$H = \sum_{i=1}^{N}T_iL_i\qquad(2.19)$$

式中，T_i 表示拉杆 i 的轴力，L_i 表示拉杆 i 的长度。H 值越小，即拓扑对应的 STM 越符合最小应变能原理的要求，表明相应的拉杆布置越合理，结构越优。对以上 STM 完成结构力学分析，得出结构中各杆件的剪力和轴力结果，置于图 2.10 中。经计算，分别根据改进 GBESO-I、改进 GBESO-II、经典 BESO 拓扑解建立的 STM，即图 2.10（b）、（d）、（f），建立要求指标 S 的值分别为 0.939、0.941 和 0.910，而评价指标 H 的值分别为 111.80kN·m、162.12kN·m 和 190.21kN·m。显然，不管基于以上哪个指标，参照改进 GBESO 都可能建立出更有优势的 STM。

2. 钢筋混凝土开洞异形梁算例

某短悬臂梁算例[116]，尺寸及荷载参数如图 2.11（a）所示。材料的弹性模量为 206GPa，泊松比为 0.3，选用八节点四边形单元（plane82），单元尺寸取 2mm。优化中灵敏度过滤半径取 6mm，优化的体积约束设为 50%，其余参数均与钢筋混凝土牛腿算例相同。文献 [116] 中给出了用传统 GBESO 得到的拓扑解，如图 2.11（b）所示；改进 GBESO 得到的两类拓扑解如图 2.11（c）、（d）所示，能得到这两类拓扑解的改进 GBESO 分别编号归为改进 GBESO-IV 和改进 GBESO-V。

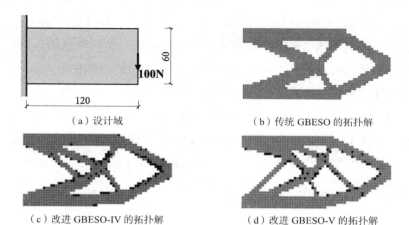

（a）设计域　　　　　　　　　　　　　　（b）传统 GBESO 的拓扑解

（c）改进 GBESO-IV 的拓扑解　　　　　　（d）改进 GBESO-V 的拓扑解

［图（c）、（d）中，浅色单元表示一直处于存留状态的单元，深色单元表示曾被删除后被恢复的单元］

图 2.11　钢筋混凝土悬臂深梁算例的优化

对比之下，可以得出以下两点：

第一，从拓扑构型来看，改进 GBESO 可以演化出与传统 GBESO 有差异的拓扑解；

第二，改进 GBESO 可能得到更符合优化目标的拓扑解，传统 GBESO、改进 GBESO-IV、改进 GBESO-V 拓扑解 [即图 2.11（b）~（d）] 的结构总体积应变能指标分别为 1.5564N·mm、1.5551N·mm 和 1.5524N·mm。

通过以上比较，可知：

（1）改进 GBESO 算法，选用每次优化迭代仅针对存留单元分组、对高低单元分别执行基因代码进化和惩罚操作的策略，设置恒定的交叉概率、增设全局变异概率，采用根据周边存留高组单元数量分段概率性地恢复已删除单元的单元恢复准则，从而优化从始至终保持对最优解的较大的全局搜索范围。较之经典 BESO 算法和传统 GBESO 算法，有一定概率得到不同的拓扑解。

（2）相比经典 BESO 算法和传统 GBESO 算法，改进 GBESO 算法有一定概率得到在同体积约束下结构总体积应变能更小，即更符合优化目标的拓扑解，从而可参照其建立出更符合结构整体剪力水平尽可能低的要求和最小应变能原理的 STM，继而证实了改进 GBESO 算法更强的全局寻优能力。

（3）经典 BESO 算法、传统 GBESO 算法和改进 GBESO 算法得到的拓扑解都符合 Michell 准则，根据它们建立的 STM 都属于类 Michell 型桁架结构。

2.6　本章小结

（1）ESO 类算法的基本思路为先完成结构有限元分析，再根据分析结果建立单元灵敏度，以作为删除或增加单元的依据；通过迭代演化，得到类杆系结构的拓扑解。经验证，该解基本符合 Michell 桁架解的杆件分布特性。设计变量的选取、约束条件的确定和目标函数的设定，是 ESO 类算法运行中最关键的三项任务。

（2）根据优化方向，可以将 ESO 类算法分为正向优化、反向优化和双向优化的算法，分别通过从满设计域中删减低效材料、向仅包含必要单元的初始设计域中补充高效材料和在初始设计域中同时删除低效材料及补充高效材料，迭代演化出拓扑解。BESO 算法因优化准则中存在的复活机制，可以在一定程度上应对误删问题，所以比 ESO 算法有着更强的寻优能力。但相较之下，ESO 算法优化过程更简单，而且运算效率更高。

（3）根据优化的确定性，可以将 ESO 类算法分为确定性优化和概率性优化的算法，确定性优化完全根据结构有限元分析结果对单元优胜劣汰，而概率性优化则借鉴 GA 的思想。适应度不同的单元，被保留的概率也相应不同，最终的单元增删操作都是按这个概率随机进行。GESO 算法中，因变异和杂交等遗传算子的存在，比 ESO 算法有着更强的全局寻优能力，但相较之下优化过程也复杂了，从而降低了运算效率。

（4）GBESO 算法结合概率性和双向优化准则，取 BESO 算法和 GESO 算法之所长，概率性地从初始设计域中增删单元，因此全局寻优能力又进一步提升。参照其所得的拓扑解而建立出的 STM，较为符合结构整体剪力水平尽可能低和最小应变能原理的相关要求。

第 3 章　加窗渐进结构优化

3.1　概述

由于土木工程结构通常体量较大，并且相关荷载工况和边界条件较为复杂，运用经典 ESO 算法时，计算效率与优化精度总是很难令人满意。对有限元实现时的单元选取过于依赖，难以在结构受力复杂、单元网格划分精细或选用高阶有限元时得到理想的拓扑；而且，拓扑中易出现棋盘格现象也是让人头疼的问题，这些直接导致其工程应用受到了一定的限制 [113, 119]。因此，本章介绍一种引入结构整体平均应变能密度作为单元删除准则，同时将单元删除率设定为窗口可调的自适应状态，从而改进出的加窗 ESO 算法。该算法一定程度上解决了经典 ESO 算法所面临的上述问题，适于推广至高阶有限元单元应用，相当于扩大了 ESO 类算法的应用范围。

3.2　基于应变能灵敏度的 ESO

3.2.1　基本思路

ESO 算法最初是在满应力准则的基础上建立的，其根据有限元每次迭代计算结果逐步删除设计域内应变能或应力值较低的单元，使结构中剩余单元在强度允许范围内充分发挥作用，从而达到结构优化的目的。

Von Mises 应力准则为经典的研究平面应力问题的方程，其表示为：

$$\sigma^m = \sqrt{\sigma_x^2 + \sigma_y^2 - \sigma_x \sigma_y + 3\tau_{xy}^2} \qquad (3.1)$$

式中，σ_x 和 σ_y 分别为微单元在 x 和 y 方向的正应力；τ_{xy} 为其剪应力。

ESO 算法的基本步骤为：

（1）建立优化结构模型，划分有限元单元，施加边界约束和结构荷载；

（2）进行有限元分析求解，记录单元的 Von Mises 应力值 σ^m，并按大小进行排序；

（3）将排序后应力值最大的单元作为应力值衡量标准，将其他单元的应力值与其进行对比，根据设定的删除准则，删除应力值较小的单元；

（4）重复步骤（2）~（3），直到不再有单元被删除；

（5）引入删除准则进化率，用以增加删除单元数量，再一次重复步骤（2）~（3）；

（6）重复步骤（2）~（5），同时设定程序终止准则（如约束体积率或性能评定指标），直到获得最优结构。

基于满应力准则的 ESO 算法通常应用于优化得到特定条件下结构的最小重量解。但在土木工程应用中，往往期望优化后结构的强度和刚度都保持在一个较高的水平；同时，在求解振动问题中，将结构的动力响应控制在一定范围内也是一项很重要的优化目标，而基于应变能的 ESO 算法不能满足这样的要求。Steven 和 Xie 等提出了基于灵敏度条件下的 ESO 算法[119-120]。应变能灵敏度之所以能用于刚度优化问题，是因为单元数量变化将引起的结构平均应变能改变。

有限元计算中，已知结构的静力平衡方程表示为：

$$Ku = P \tag{3.2}$$

式中，K 为总刚度矩阵；u 为全局节点位移向量；P 为节点荷载向量。

在荷载向量不变的条件下，结构的整体刚度的最大化相当于结构整体应变能的最小化，整体应变能的公式表示为：

$$C = \frac{1}{2}P^{\mathrm{T}}u = \frac{1}{2}u^{\mathrm{T}}Ku = \sum_{i=1}^{n}\left(\frac{1}{2}u_i^{\mathrm{T}}K_iu_i\right) = \sum_{i=1}^{n}C_i \tag{3.3}$$

式中，K_i 为第 i 号单元的刚度矩阵；u_i 为第 i 号单元的位移向量；C_i 为第 i 号单元的应变能。有上述理论推导可知，$C = \frac{1}{2}P^{\mathrm{T}}u = \frac{1}{2}P^{\mathrm{T}}K^{-1}P$ 为结构平均应变能，其值的变化与结构刚度成反比关系，即其值越小，则结构的刚度越大。应变能灵敏度计算中有考虑单元自重变化和不考虑单元自重变化两种情况。但在土木工程应用中，一般不考虑单元自重变化[119-122]。

在不考虑单元自重变化条件下，应变能灵敏度的计算方法为，将方程（3.2）对第 i 个设计变量求导，得：

$$\frac{\partial K}{\partial x_i}u + K\frac{\partial u}{\partial x_i} = \frac{\partial p}{\partial x_i} \tag{3.4}$$

不随设计变量改变则有：

$$\frac{\partial u}{\partial x_i} = -K^{-1}\frac{\partial K}{\partial x_i}\imath \tag{3.5}$$

对方程（3.3）求导，可得到平均应变能，将式（3.5）代入得：

$$\frac{\partial C}{\partial x_i} = \frac{1}{2}P^{\mathrm{T}}\frac{\partial u}{\partial x_i} = -\frac{1}{2}P^{\mathrm{T}}K^{-1}\frac{\partial K}{\partial x_i}u = -\frac{1}{2}u^{\mathrm{T}}\frac{\partial K}{\partial x_i}u \tag{3.6}$$

假如设计变量在 x_i 附近发生微变 Δx，方程（3.6）可用一阶泰勒式展开，其改写为：

$$\Delta C = \sum_{i=1}^{n} \frac{\partial C}{\partial x_i}(x_i + \Delta x) = -\frac{1}{2} \boldsymbol{u}^{\mathrm{T}} \sum_{i=1}^{n} \left(\frac{\partial \boldsymbol{K}}{\partial x_i}(x_i + \Delta x) \right) \boldsymbol{u} \qquad (3.7)$$

同时，假设刚度矩阵是设计变量的 z 阶线性方程，其表示为：

$$\boldsymbol{K}\left(ax^z\right) = a\boldsymbol{K}\left(x^z\right) \qquad (3.8)$$

式中，a 为任意常数。当结构中的单元被删除后，必会引起方程（3.7）和方程（3.8）的变化，即平均应变能的改变。其变化量可以表示为：

$$\Delta C = -\frac{1}{2} \boldsymbol{u}_i^{\mathrm{T}} \frac{\partial \boldsymbol{K}_i}{\partial x_i}(0-1)\boldsymbol{u}_i = \frac{z}{2} \boldsymbol{u}_i^{\mathrm{T}} \boldsymbol{K}_i \boldsymbol{u}_i = z C_i \qquad (3.9)$$

方程（3.9）是在平均应变能一阶导数基础上建立的，一阶近似值已经能满足工程实际。对于平面桁架和连续结构中 z 的取值为 1，本章中不同约束条件下灵敏度计算均只考虑线性近似的方法求解。

在考虑重量约束条件下，离散单元的删除导致结构参量的改变可表示为：

$$\Delta W = -W_i \qquad (3.10)$$

同时，其刚度优化条件表示为：

$$最小化 \quad f = C(x) = \frac{1}{2} u^{\mathrm{T}} K u$$

$$服从 \quad g = W^* - \sum_{i=1}^{n} W_i x_i = 0 \qquad (3.11)$$

$$x_i \in \{0,1\}$$

式中，W^* 为结构最优重量，设计变量 x_i 可为 1（即存在）或 0（即不存在）。将上述问题转化为无约束最优化问题求解，则表示为：

$$L(x,\lambda) = f - \lambda g = C(x) - \lambda \left(W^* - \sum_{i=1}^{n} W_i x_i \right) \qquad (3.12)$$

式中，λ 是拉格朗日乘子。对连续变量的求解：

$$\frac{\partial L}{\partial x_i} = \frac{\partial f}{\partial x_i} - \lambda \frac{\partial g}{\partial x_i} = 0 \quad i = 1, \cdots, n \qquad (3.13)$$

由于在优化过程中，单元的删除顺序是随机不连续的，对于离散变量的计算，方程（3.13）应改写为：

$$\Delta L_i = \frac{\partial L}{\partial x_i} \Delta x_i = \frac{\partial f}{\partial x_i} \Delta x_i - \lambda \frac{\partial g}{\partial x_i} \Delta x_i = 0 \quad i = 1, \cdots, n \qquad (3.14)$$

由方程（3.9）和方程（3.10）的结果，将方程（3.14）中的积分做如下变换：

$$\frac{\partial f}{\partial x_i} \Delta x_i = \Delta C = zC_i$$
$$\frac{\partial g}{\partial x_i} \Delta x_i = -\Delta W = W_i$$

（3.15）

则将方程（3.15）代入方程（3.14），得：

$$zC_i - \lambda W_i = 0$$

（3.16）

对于同一结构中所有 z 值都相同，则 z 可以省略，则有：

$$\lambda = \frac{C_i}{W_i} > 0$$

（3.17）

通过上述推导可知，方程（3.17）是渐进结构优化算法的优化准则，而它与整体刚度优化中已有推导结构一致。从而证明，结构的应变能与重量成正比。而 λ 为第 i 个单元的有效参数，是该单元是否有效的判定值。将 $C_i = \frac{1}{2} u_i^{\mathrm{T}} K_i u_i$ 代入方程（3.17）中，可得到单元灵敏度 a_i：

$$a_i = \frac{u_i^{\mathrm{T}} K u_i}{W_i}$$

（3.18）

由方程（3.18）可知，只要去掉灵敏度最小的单元，结构的应变能将趋于最小化。由上式中灵敏度值的有限元计算过程可知，在计算中采用了近似计算方法，这将会导致数值计算中的误差增大，从而导致出现数值计算的不稳定现象。这种不稳定现象会随着网格大小和所选取的有限元单元属性而发生不同的变化，这种现象被描述为棋盘格现象和网格依赖现象[123]，如图 3.1 和图 3.2 所示。

图 3.1　棋盘格现象

（a）网格为 100×240　　　　（b）网格为 120×288　　　　（c）网格为 140×336

图 3.2　网格依赖现象

在设计域中，设计变量根据数值计算的结果在 0 和 1 之间周期性变换，是导致拓扑解部分位置出现近似于棋盘格布局的本质原因。这一现象会影响设计人员对拓扑解局部位置最佳受力的判断。在目前的研究中，无论哪种优化方法几乎都或多或少地会出现棋盘格现象，而这一现象在连续体拓扑优化中尤为突出。而单元网格依赖是指有限元网格尺寸将影响 ESO 计算结果，这是由有限元技术的缺陷所导致的。网格尺寸越小，得到的拓扑解就越精确。然而，有限元网格划分越细，单元数量就越多，优化效率也将越低，这就使得对于计算机的运算能力要求也越高。

对于数值计算不稳定导致的拓扑解棋盘格现象和单元网格依赖问题，研究者们提出了高阶单元法[124]、周长约束法[46]、局部梯度控制法[125]和网格过滤法[126-127]。高阶单元法是指采用节点数较多的单元，节点数越多，有限元计算中数值计算的解越精确，从而得到的单元灵敏度值计算越稳定。局部梯度控制是通过方程（2.15）的计算结果对其变化量加以控制，减少单元应变能与结构应变能之间的离散程度，最终达到提高计算精度的目的。周长约束法则是在平面结构中，根据离散单元的周长来控制删除单元数量。其中，离散单元的周长可表示为：

$$P = \sum_{k=1}^{n} l_k \left(\sqrt{\left(\rho_i - \rho_j \right)^2 + \varepsilon^2} - \varepsilon \right) \tag{3.19}$$

式中，l_k 是单元 i 和单元 j 接触面间的长度；ε 为一个附加的级小值，它的引入是为了保证 P 的值相对于结构计算中产生的值始终保持在可以忽略的水平。在单元删除准则中加入上述方程，通过控制 P 的取值范围来附加约束删除单元的数量，从而达到控制棋盘格的目的。

网格过滤法（图 3.3）是通过修正过滤半径内的单元灵敏度值，从而达到提高计算精度的目的，该方法目前被普遍地应用于结构拓扑优化中。其数学表达式为：

$$\frac{\partial f}{\partial \rho_k} = \left(\rho_k \right)^{-1} \frac{1}{\sum_{i=1}^{n} H_i} \sum_{i=1}^{n} H_i \rho_i \frac{\partial f}{\partial \rho_i} \tag{3.20}$$

$$H_i = r_{\min} - dist(i,k) \geq 0; \quad i = 1, \cdots, n$$

式中，$r_{\min}$ 为过滤半径；$dist(i, k)$ 为过滤半径内所有单元分别与圆心之间的距离，当 $r_{\min}$ 趋于 0 时，说明数值计算的灵敏度值趋于稳定。网格过滤法在有限元软件计算中，首先通过方程（3.18）计算出单元的灵敏度值；其次，方程（3.20）中加权平均的思想，得到单元节点的灵敏度值 a_j 表示为：

$$a_j = \sum_{j=1}^{m} B_i a_i$$

$$B_i = \frac{1}{m-1} \left(1 - \frac{r_{ij}}{\sum_{i=1}^{r_{ij}} r_{ij}} \right) \tag{3.21}$$

式中，m 为与第 j 个节点相连的有限元单元数目；B_i 为在考虑第 i 号单元权重因数的加权系数，其表示与 j 节点相连的单元灵敏度对该节点的灵敏度的影响；r_{ij} 为 i 单元中心到第 j 个节点之间的距离。

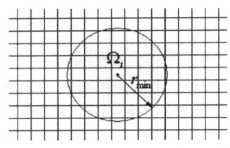

图3.3　网格过滤法示意图

在方程（3.21）的基础上，将过滤范围内所有节点灵敏度值进行加权计算，以得到第 i 个单元的灵敏度值。其表示为：

$$a_i = \frac{\sum_{j=1}^{k} \omega(r_{ij}) a_j^{\mathrm{n}}}{\sum_{j=1}^{k} \omega(r_{ij})} \tag{3.22}$$

$$\omega(r_{ij}) = r_{\min} - r_{ij}$$

由方程（3.22）可知，设计域内所有单元的应变能灵敏度都将做相应的调整，这样的过程可以较好地消除棋盘格现象，得到更直观的拓扑解，如图 3.4 所示。

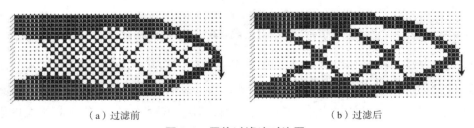

（a）过滤前　　　　　　　　　　　　　　　（b）过滤后

图3.4　网格过滤法对比图

3.2.2　基本流程

传统的 ESO 算法在每次迭代计算中，首先通过对单元应变能灵敏度由低到高进行排序，其次对排序后的单元按一定的删除率将灵敏度值由低到高进行删除运算（删除率一般取值为 1% ~ 2% 为最佳）。通过每代计算中逐步删除最小应力值的单元，从而使结构的平均应变能保持在一个稳定的水平，完成结构向最优化方向进化。其流程图如图 3.5 所示。

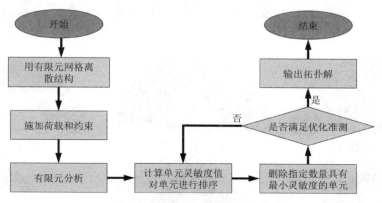

图 3.5　ESO 算法基本流程图

　　某两端简支深梁，如图 3.6（a）所示，在结构上部跨中集中荷载作用下的拓扑优化（全书均以 ANSYS 通用有限元软件作为分析和优化平台）。其中，相同条件下的解析解如图 3.6（b）所示。结构分析过程中，结构的弹性模量为 2.07GPa，泊松比为 0.3，采用四节点平面四边形单元对结构进行离散，有限元网格划分为 2mm×2mm×1mm，运用基于应变能灵敏度的传统 ESO 算法对初始设计域进行优化，删除率设定为 RR=1.2%，采用网格灵敏度过滤技术 $r_{\min}$=0.5mm，优化的目标体积率设定为 20%，渐进结构优化算法的基本演化过程如图 3.7 所示。

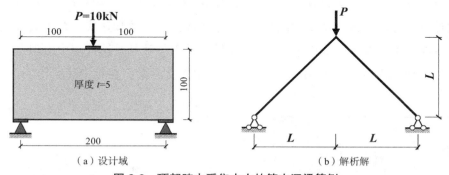

图 3.6　顶部跨中受集中力的简支深梁算例

　　由图 3.7（a）~（i）传统 ESO 算法演化过程可知，不仅验证了 ESO 算法得到的拓扑解与理论解相符合，而且检验了 ESO 算法在有限元软件上应用的正确性。

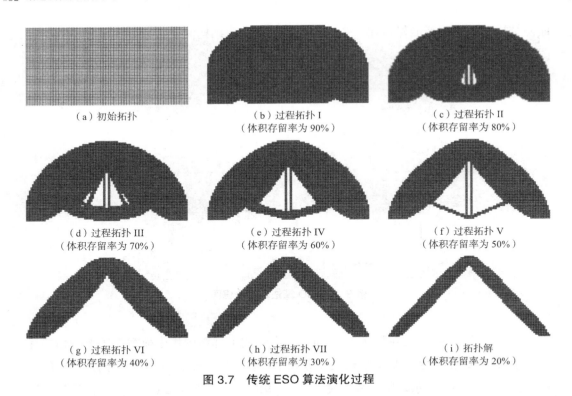

（a）初始拓扑

（b）过程拓扑 I
（体积存留率为 90%）

（c）过程拓扑 II
（体积存留率为 80%）

（d）过程拓扑 III
（体积存留率为 70%）

（e）过程拓扑 IV
（体积存留率为 60%）

（f）过程拓扑 V
（体积存留率为 50%）

（g）过程拓扑 VI
（体积存留率为 40%）

（h）过程拓扑 VII
（体积存留率为 30%）

（i）拓扑解
（体积存留率为 20%）

图 3.7　传统 ESO 算法演化过程

3.2.3　存在的问题

　　传统 ESO 算法存在以下三大较显著的问题。接下来，本节在 ANSYS 通用有限元软件平台上开展算例分析和优化，以说明这三大问题。

　　（1）传统的 ESO 算法得到的拓扑结果棋盘格现象较严重，虽然灵敏度过滤技术能在一定程度上抑制棋盘格现象，但该条件的引入不仅增加了计算量，而且在应变能灵敏度计算中会产生累积误差。尤其当设计域中离散单元数和迭代计算次数都较多时，单元应变能密度计算还可能出现不稳定的现象，从而导致某些迭代步中出现奇异结构，最终导致优化出现畸变。如图 3.8 所示，某两端简支深梁，在集中荷载作用下的拓扑

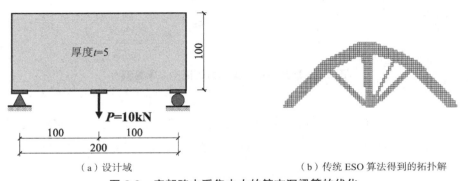

厚度 t=5

100

P=10kN

100　　100

200

（a）设计域

（b）传统 ESO 算法得到的拓扑解

图 3.8　底部跨中受集中力的简支深梁算的优化

优化，其初始设计域如图 3.8（a）所示。结构分析过程中，采用四节点平面四边形单元对结构进行离散，有限元网格划分为 2mm×2mm，删除率设定为 1% 且采用灵敏度过滤技术。图 3.8（b）为体积率为 15% 时的拓扑。不难发现，左侧的拉杆与右侧拉杆出现明显的差别。对于荷载、约束都对称的对称结构，这显然是出现了一种畸变。

（2）采用 ANSYS 有限元软件对结构进行优化分析中，传统的 ESO 算法在单元删除运算过程中需耗用较长时间，从而导致其计算效率较低。当结构单元数更多或需要进行高阶运算时，需要的时间更成倍增加，使得这类方法的实用性较低。况且，这仅仅是构件的优化。如果上升到结构优化，几乎不可能完成。

（3）传统 ESO 算法选择了固定的单元删除数量或删除率，可能引起同一代删除的单元应力水平较离散，这在某种程度上也增大了优化结果畸变的可能性。同时，传统 ESO 算法拓扑解与有限元单元的选取有关，选用节点数较多的单元计算结构优于节点数较少的有限元单元。在图 3.8（a）的基础上，距离支座两端 $L/4$ 处增加两个加载点，从而检验 ESO 算法在受力复杂的结构中的选型能力，选用两种 4 节点的平面有限元单元（plane42）和 8 节点的平面有限元单元（plane82）对结构进行离散，体积率为 30% 时的拓扑优化解如图 3.9 所示。由图 3.9 的对比可知，ESO 算法在选用低阶单元时，数值计算不稳定现象比较突出，棋盘格现象较严重。相同体积率条件下，结构删除单元的位置也相差较大，图 3.9（a）中，主要删除了跨中连杆中部的单元，并导致棋盘格现象较严重；图 3.9（b）中，由于选用高阶单元对结构进行离散，从而提高了单元应变能的计算精度，导致图中未出现棋盘格现象。因此，也再次证明了 ESO 算法对单元网格有严重的依赖性。

（a）plane42 单元　　　　　　　　　（b）plane82 单元

图 3.9　采用不同单元类型得到的拓扑解对比（体积存留率为 30%）

3.3　加窗 ESO 算法

3.3.1　基本思路

在传统的 ESO 算法存在的上述问题中，其中的棋盘格现象及优化结果畸变等问题在选用高阶的有限元单元后可以一定程度上得到解决，但由此带来的计算效率问题则更加凸显。经分析，导致传统的 ESO 算法存在上述问题的一个重要原因，即不合理的单元删除准则[128]。因此，本节对基于应变能灵敏度分析的 ESO 算法中删除准则，拟进行以下两个方面的改进。

（1）在每次迭代计算中，以设计域内单元的平均应变能作为单元删除准则；然后，乘以一个缩减系数，作为单元删除的控制条件。不需要像传统的删除准则那样，使用离散单元应变能，避免使用删除率作为控制条件。也就是说，传统的删除准则不能保证每次迭代计算中删除单元的应变能可以忽略，即可能会错误地删除应变能较大的元素，导致局部最优。

（2）建立一组自适应单元删除条件，即根据前一次迭代中删除单元的数量自动调整当代单元删除的数量。通过自适应单元删除条件，消除了传统单元删除准则中经验上设置固定删除率的主要缺点。

通过上述改进可以达到提高优化效率和使单元删除过程更合理的目的，将此改进后的方法称作加窗渐进结构优化算法（Windowed ESO，简称 WESO）。

3.3.2　加窗方法

将 ESO 算法加窗改进，先引入如下方程：

$$\overline{C} = \frac{\sum_{i=1}^{n} \dfrac{C_i}{V_i}}{n} \tag{3.23}$$

式中，$\overline{C}$ 为设计域中单元的平均应变能密度；C_i 和 V_i 分别为第 i 号单元的应变能和体积，n 为设计域内活单元总数。

通过上述改进可知，选取节点数越多的单元来离散结构，计算出的单元应变能越精确，从而获得的应变能密度精度越高。但按传统 ESO 删除准则，这必将降低优化计算效率，为跳过排序过程，再将式（3.23）做如下的变换

$$\overline{C} \cdot p = C' \tag{3.24}$$

式中，C' 为淘汰单元应变能密度控制参量，以此将设计域内应变能密度小于 C' 的离散单元删除；p 为应变能密度缩小系数，在结构优化前预先设定一个初始值 p_0，目的是为了保证应变能密度控制参数相对于平均应变能密度总是保持在可以忽略的水平。由式（3.24）可知，通过引入 C'，不仅摒弃了 ESO 算法中的排序过程，而且每次迭代删除单元的应变能密度都保持在相对较低的水平。

随着优化结构体积率的降低，单元应变能密度也会随之增加，固定的 p 值设定将会导致不合理的删除单元。为保证计算效率和防止每次迭代计算中出现单元删除不合理现象，WESO 算法中添加了通过调节 p 值动态删除单元数量的自适应调整窗口。其中，Chu[119] 的研究表明 ESO 算法每迭代步删除的单元删除率在 1%～2% 为最佳。本

章以此标准，分三种情况调整单元删除数量。

（1）当次迭代中删除单元数少于当代活单元数的 1% 时，本次迭代后对 p 做如下调整：

$$p'=p+E_{\mathrm{r}} \tag{3.25}$$

式中，E_{r} 表示进化率，p' 表示进化后的应变能密度缩小系数，式（3.25）是为了保证下一次迭代计算中增加删除单元数目。

（2）当删除单元数占该代活单元数量的 1% ~ 2%，但 p 小于预设的定值 α 时（该值的设定是为了防止应变能缩小系数增长过大而预先设置），本次迭代后对 p 做如下调整：

$$p'=\frac{p}{n}(n>1) \tag{3.26}$$

（3）当删除单元数大于 2% 或 p 值大于预设的定值 α 时，本次迭代后对 p 做如下调整：

$$p'=p-p_0 \tag{3.27}$$

通过上述对删除单元数量的控制条件，每次迭代计算中，不仅使单元删除数量总是保持在一个相对稳定的水平；而且，保证了删除单元的应变能相对于结构整体来说，始终保持在可以忽略的水平。

3.3.3　性能指标

在优化设计中，算法的性能指标参量必不可少。采用性能指标 P，其表示为：

$$P=\frac{V_{\mathrm{n}}\overline{C_{\mathrm{n}}}}{V_0\overline{C_0}} \tag{3.28}$$

式中，V_{n} 和 $\overline{C_{\mathrm{n}}}$ 分别表示第 n 次迭代设计域内单元的总体积（面积）、平均应变能密度；V_0 表示初始设计域体积；$\overline{C_0}$ 为初始设计域平均应变能密度。P 反映了设计域的体积变化和应力水平，当其值小于 1 时，表明 n 次迭代的拓扑解优于初始设计结构。相同条件下，P 值越小，表示拓扑解越优。

由上述改进方法的提出可知，平均应变能密度和应变能密度控制参数的提出旨在用最短的时间在离散单元中划定最小应力单元范围，跳过了 ESO 算法中的整体排序过程，达到了提高优化计算效率的目的；自适应删除准则的设定，不仅进一步提高了优化效率，而且保证了每次迭代步中所删除单元的应变能密度保持在较低的水平，避免了 ESO 算法中因设定固定删除率而导致优化不理想的现象；改进后的算法由于具有高效、合理的删除准则，所以在单元数目庞大且选用了高阶有限元单元的结构模型中应用，将具有较大的优势。

3.3.4　实现步骤

WESO 的实现可分为以下六步：

（1）定义材料参数，建立有限元模型。

（2）用有限元精细网格离散结构，施加相应的荷载和约束条件，进行静力有限元分析。

（3）用式 $\Delta C = -\dfrac{1}{2} u_i^{\mathrm{T}} \dfrac{\partial K_i}{\partial x_i}(0-1) u_i = \dfrac{z}{2} u_i^{\mathrm{T}} K_i u_i = C_i$ 计算设计域内离散单元的应变灵敏度值；而且，按式（3.23）和式（3.24）计算出应变能密度控制参量。

（4）将设计域内满足 $C_i \leqslant C''$ 条件的单元设置为删除单元，并记录删除单元数量和 p 值。

（5）在该次优化计算中判断删除单元数量及 p 值，并按式（3.25）~式（3.27）对 p 进行自适应调整。

（6）对优化后的结构进行有限元分析，并重复步骤（3）~（5），直到式（3.28）求得的 P 值不再下降，或其他参数达到了预先设置的终止条件为止。

3.3.5　拓扑解与 Michell 桁架解

Michell 理论是结构优化算法中解析方法的代表，其中 Michell 桁架解的一个重要特点是结构为满应力状态，即在对初始设计域优化过程中，设定目标体积条件下，Michell 桁架具有最小的结构应变能[111]。WESO 算法的优化目标是不论设计域内是何种应力状态，通过逐步删除低效单元，从而达到优化解的条件总是重量最小且刚度最大。这与 Michell 理论是相吻合的，所以在相同初始条件下，将 WESO 算法解与已有的 Michell 解对比研究，可以达到验证 WESO 算法优化结果的目的。

如图 3.10 所示，两点铰支撑的平面板，$L=100\mathrm{mm}$，假定材料弹性模量为 $2.07 \times 10^9 \mathrm{N/mm^2}$，泊松比为 0.3，板的厚度为 2mm。将图 3.10 所示初始设计域选用八节点平面四边形单元进行离散，网格大小为 2mm × 2mm，集中荷载 F 沿中线从底部至顶部每隔 $L/2$ 作用一次。Liu[129] 对图 3.10 所示模型在集中荷载 F 作用于不同位置时相应的 Michell 桁架解做了深入的研究，其相应的 Michell 解如图 3.11 所示。采用 WESO 算法对图 3.10 所示初始设计域进行拓扑优化，其中 $p=0.05$，$E_r=0.001$，$\alpha=0.3$。体积率为 10% 时，相应的优化结果如图 3.12 所示。

由图 3.11 可知，图中集中荷载 F 作用于不同位置时力的传递方式各不相同，其中图 3.11（a）、（e）、（f）为直接传递，且随着加载位置的变化两杆件的夹角也会发生相应的变化；图 3.11（b）、（d）为间接传递；但图 3.11（c）中力的传递方式较为复杂，不仅有直接传递，而且有间接传递。众所周知，实际工程中作用于结构上的荷载传递

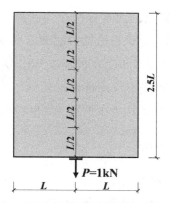

图 3.10　两点铰支平面模型算例的设计域

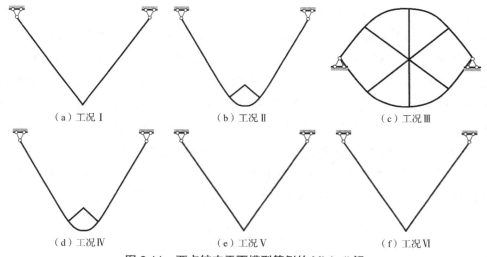

（a）工况 I　　　　　（b）工况 II　　　　　（c）工况 III

（d）工况 IV　　　　　（e）工况 V　　　　　（f）工况 VI

图 3.11　两点铰支平面模型算例的 Michell 解

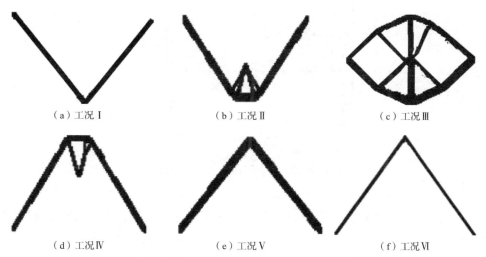

（a）工况 I　　　　　（b）工况 II　　　　　（c）工况 III

（d）工况 IV　　　　　（e）工况 V　　　　　（f）工况 VI

图 3.12　两点铰支平面模型算例的拓扑解

方式也正如图 3.11 中的三种情况，而本算例作为新算法的验证，正是为了检验在相同条件下，力的作用位置不同时，该方法是否能准确地寻找到结构的拓扑解。

由图 3.12 的计算结果可知，不同受力状态下 WESO 算法的计算结果与文献 [129] 中的 Michell 解相同。WESO 算法不仅能准确地找到结构的拓扑解，而且拓扑解未出现棋盘格现象。以上的对比分析，达到了验证 WESO 算法可行性的目的。

3.3.6　开洞深梁二维优化算例

细节优化性能作为检验一种优化算法方法准确性的标准之一，主要检验优化算法在相同荷载和边界条件下，结构内构造发生改变后（如开洞、洞口位置、方式或尺寸变化），其是否还能准确地寻找结构的最佳传力路径。

选用两端简支的开洞深梁模型[130] 作为算例，结构尺寸如图 3.13 所示，材料的弹性模量为 $2.07 \times 10^4 \mathrm{N/mm^2}$，泊松比为 0.15。在采用 WESO 算法对结构优化计算中，选用高阶平面四边形单元对模型进行离散，其中有限元网格划分为 $6\mathrm{mm} \times 6\mathrm{mm} \times 6\mathrm{mm}$，剩余体积率为 50%、20% 时的拓扑解如图 3.14（a）、（c）所示。同时，其他条件相同情况下，该深梁如果不开洞，在剩余体积率为 50%、20% 时的拓扑解如图 3.14（b）、（d）所示。P 值作为判定结构优化性能的指标，其值的变化与波动反映了在优化计算中，结构是否向最优结构进化，而且什么情况下结构达到最优。图 3.15（a）反映了开洞和不开洞结构中相同剩余体积率下 P 值的变化曲线；图 3.15（b）则表示 WESO 算法计算中，结构优化达到最优解时，指标 P 值的变化特征。

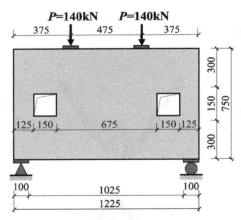

图 3.13　开洞深梁算例的设计域

由图 3.15（a）可知，首先，开洞和不开洞深梁在剩余体积率为 50% 之前两者的 P 值近似相等。但由图 3.14（a）与图 3.14（b）的对比发现，两种结构形式的拓扑解却完全不同。上述现象反映了 WESO 算法在该阶段为结构选型阶段（形状优化），虽

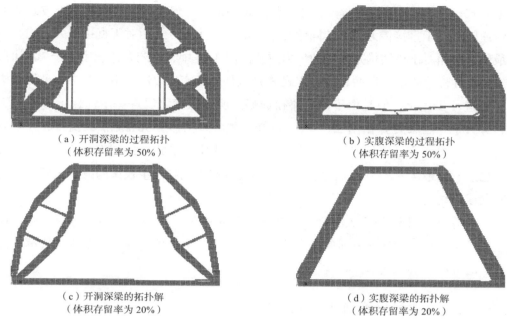

（a）开洞深梁的过程拓扑
（体积存留率为 50%）

（b）实腹深梁的过程拓扑
（体积存留率为 50%）

（c）开洞深梁的拓扑解
（体积存留率为 20%）

（d）实腹深梁的拓扑解
（体积存留率为 20%）

图 3.14　深梁算例的优化

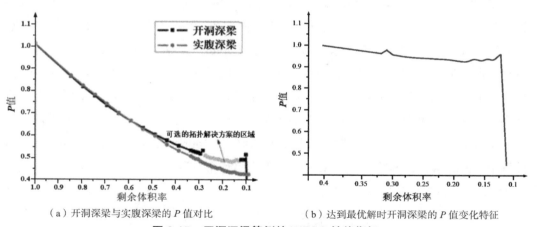

（a）开洞深梁与实腹深梁的 P 值对比

（b）达到最优解时开洞深梁的 P 值变化特征

图 3.15　开洞深梁算例的 WESO 性能指标

然两种结构的拓扑解完全不同，但在该阶段的 P 值近似相等说明，开洞结构传力方式近似等于不开洞结构的直接传力方式。通过上述对比由此发现，WESO 算法在结构有优化中总是朝着传力路劲最短的方向优化。其次，当剩余体积率在 50% ~ 30% 之间时，两种构造方式的 P 值明显发生变化，其中不开洞结构的 P 值小于开洞结构。由图 3.14（a）与图 3.14（c）、图 3.14（b）与图 3.14（d）不同剩余体积率条件下的对比可知，两种结构的结构形式未发生变化，但结构尺寸发生明显变化。上述现象表明：由于拓扑找型阶段，开洞结构的最短传力路径受到阻碍，优化过程中必须寻找绕开洞位置的传力方式；在进入尺寸优化阶段，随着传力路径的尺寸慢慢变窄，间接传力方式对力的传递效率弱于直接传力方式的问题开始突出。虽然该方式相对于直接传力方式并不是最优，但相对于该结构是最优的传力方式。图 3.14 中，当剩余体积率小于 30% 时，依然为尺寸优化阶段，但两种构造方式的 P 值都开始变化缓慢，不开洞结构虽然结构尺寸在进一步优化，但是由于传力路径通畅，所以依然可以进一步优化（即 P 值下降趋势大于开洞深梁）；由图 3.15（b）可知，剩余体积小于 30% 后，P 值首先在 0.53 附近波动，最后突然下降到 0。该现象说明：该种构造形式下体积率小于 30% 以后，结构已经达到最优。$P=0$ 这点之后，优化结构构造方式将发生较大的改变（即无效优化阶段或优化终止）。

以上算例不仅验证了 WESO 算法在结构优化中朝着传力路径最短方向进化，而且也检验了其在细节优化方面的可行性，同时也介绍了 P 值如何反映结构最优解，为该算法的推广提供了技术指导。

3.3.7 实腹深梁优化算例及算法对比

本节通过数值算例开展 ESO、BESO 与 WESO 三种算法的对比研究。算例中，ESO 算法取自文献 [46]，BESO 算法取自文献 [126]。为了消除由于计算机运算效率带来的误差，本节算例均在同一台计算机上，采用同一商业软件（ANSYS）计算完成。

图 3.16 为三点承载的简支梁，梁跨度为 200mm，高度为 100mm，厚度为 5mm，三个加载点同时作用于梁的 1/4、1/2 和 3/4 处，假设弹性模量为 $2.07 \times 10^7 \text{N/mm}^2$，泊松比为 0.3，结构处于平面应力状态。为探究不同类型单元（节点数目不同）对计算结果的影响，本算例分别选用四节点平面四边形单元（plane42）和八节点平面四边形单元（plane82）对结构进行离散，有限元网格划分为 2mm × 2mm，共 5000 个离散单元。计算中，ESO 算法的删除率为 1%；BESO 算法的删除率为 1.5%，添加率为 0.5%，进化率为 1%；WESO 算法定义的初始值 $p=0.05$，$E_r=0.001$，$a=0.3$。设定体积率为 20% 时，三种算法的 P 值和计算时间如表 3.1 所示，相应的计算结果如图 3.17 所示。在上述三种算法对比中，由于 P 值是基于应力的性能指标，仅考虑了最大应力和体积对结

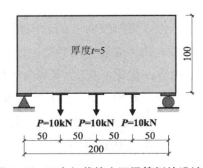

图 3.16　三点加载简支深梁算例的设计域

构的影响，而没有考虑应力的均匀化程度，故本章将平均应变能密度作为对基于应力性能指标的补充。由 WESO 算法的计算方法可知，相同条件下，平均应变能密度越小，结构的应力水平越均匀。

三种算法结果比较　　　　　　　　　　　　　　　　　表 3.1

体积存留率	单元类型	算法	P 值	平均应变能密度（$\times 10^{-5}$）	时间（h）
20%	plane82	ESO	0.6033	2.91	5.10
		WESO	0.5947	2.85	0.17
		BESO	0.6263	2.99	5.08
	plane42	ESO	0.5974	3.01	4.91
		WESO	0.5902	2.97	0.10
		BESO	0.6102	3.08	5.23

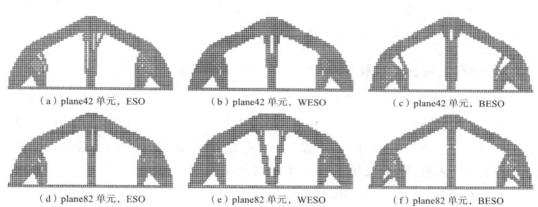

（a）plane42 单元，ESO　　　　（b）plane42 单元，WESO　　　　（c）plane42 单元，BESO

（d）plane82 单元，ESO　　　　（e）plane82 单元，WESO　　　　（f）plane82 单元，BESO

图 3.17　三种算法的优化比较（体积约束率均为 20%）

由表 3.1 中相同体积约束条件下三种算法结果的对比可知，选用相同节点的平面四边形单元时，由于 ESO 算法和 BESO 算法对劣等单元淘汰准则的限制，所以它们的计算时间是 WESO 算法的 37 倍左右，且其 P 值和平均应变能密度都略大于 WESO 算法。由此现象证明，WESO 算法不仅计算效率高于 ESO 算法和 BESO 算法，而且计算结果也优于其他两种算法；当选用不同节点数的平面四边形单元时，节点数较多的平面四边形单元的 P 值总是略大于节点数较少的单元。但通过对平均应变能密度的对比发现，单元节点数越多，平均应变能密度值越低，应力分布越均匀。导致这一现象的原因为，单元节点数越多，应变能计算精度越高。虽然 PI 值较高，但得到的拓扑解优于单元节点数较少的拓扑解，即选用高阶单元能提高计算灵敏度，从而避免结构优化计算中可能出现的局部最优解现象。

由图 3.17 可知，较之其他两种算法，WESO 算法明显抑制了棋盘格现象。由图

3.17（a）~（c）中三种算法的拓扑解可知，三种算法的拓扑解都存在一些差异。其中，ESO 算法的拓扑解出现了畸变，很难为结构设计提供指导意见；BESO 算法与 WESO 算法都能得到相对平滑的拓扑解，并且结构大体构造相同，但在细节优化上，WESO 算法更注重中间拉杆的优化，而 BESO 算法在支座两侧优化更细。从优化结果的 PI 值和平均应变能密度值上对比发现，BESO 算法对支座两端处的过度优化，导致 PI 值在三种算法中最大。由图 3.17（d）~（f）中三种算法的拓扑结果可知，ESO 算法拓扑解未出现畸变现象，由此证明选用节点数较多的单元可以有效避免结构优化中的畸变；同时，对比 WESO 算法与 BESO 算法的拓扑解发现，两种算法在优化细节上的差异更加突出。通过表 3.1 的对比可知，WESO 算法的拓扑解优于 BESO 算法，从而证明 WESO 算法的寻优能力强于 BESO 算法。

以上算例是一个典型的刚度优化问题。通过上述对比分析，首先证明了选用节点数较多的单元对结构进行离散，能有效地避免结构优化过程中的畸变现象；其次，验证了 WESO 算法有着较高的优化效率；最后，在相同条件下，WESO 算法有着较强的寻优能力，能得到刚度更优的拓扑解。

3.3.8 桥梁工程三维优化算例

将 WESO 算法推广至三维空间，由于二维平面与三维空间问题都采用相同的优化准则，具有很强的通用性，所以从二维平面拓展到三维空间应用的过程中并不需要对程序进行过多修改。三维拓扑优化结果可以更直观地展示出结构各个维度的拓扑解，从而带给设计人员更具启发性、指导性的概念设计方案。

本节算例采用矢跨比为 1/8、两端固支的立体模型，来证明三维空间内的拓扑优化结果与实际桥梁设计结果的相似性，推进 WESO 算法应用于空间结构找型设计中。建模时，采用三维结构实体单元（solid65），初始模型尺寸为 300m×40m×36m，选用边长为 1m 的正六面体单元对结构进行离散，共 28 万个离散单元，假设弹性模量为 $3.0×10^4 \text{N/mm}^2$，泊松比为 0.2，初始优化域内最上层单元为行车道板不能优化；同时，施加 1GPa 的均布荷载，设定优化目标体积率为 30%。优化结果中，为更直观地显示桥梁内部优化细节，本章在优化结果中不显示行车板单元，优化参数 P 值随剩余体积率的变化及拓扑结果如图 3.18 所示。

该桥梁的拓扑解，如图 3.18（b）所示，对应剩余体积率为 30%。该算例工况下，即为上承式拱桥的拓扑解。但值得注意的是，该优化结果在立柱形态上与实际建造拱桥有所差异，其中拱上立柱为倾斜短柱。这是因为在 WESO 过程中，结构进化应趋向于传力路径最短，这样的倾斜短柱才与实际工程中力的最优传递方式吻合。此外，优化结果中主拱上未出现应力集中现象，应力分布均匀，表明优化得到的拓扑结构传力路径通畅。

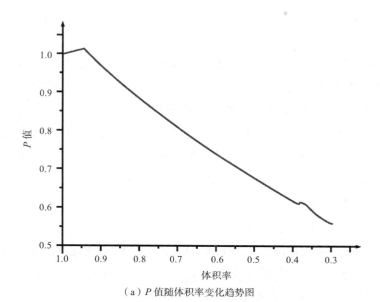

（a）P 值随体积率变化趋势图

（b）拓扑优化结果

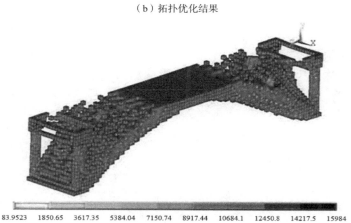

| 83.9523 | 1850.65 | 3617.35 | 5384.04 | 7150.74 | 8917.44 | 10684.1 | 12450.8 | 14217.5 | 15984 |

（c）应力云图（单位：kPa）

图 3.18　矢跨比 1/8 拱桥拓扑优化结果

3.4　本章小结

（1）本章介绍了基于应变能灵敏度的 ESO 算法的基本思路、流程，进而分析了其存在的三大主要问题。然后，介绍了针对这些问题而发展出来的 WESO 算法。

（2）WESO 算法一方面利用结构平均应变能密度，并将其乘以缩小系数作为单元删除条件准则，可以提高计算效率，并且每代删除单元的应变能密度总能保持在较低的水平；另一方面，设置了自适应的单元删除准则；同时，添加应变能性能指标控制优化计算精度，可以有效防止结构优化中的畸变，一定程度上避免了结构陷入局部最优，并且也进一步提高了计算效率。

（3）对比相同条件下的 WESO 拓扑解与 Michell 理论解，证实了 WESO 算法的可靠性；算例对比研究，则证明了 WESO 算法的稳定性、优越性与高效性，从而拓展了 ESO 类算法在选用高阶位移有限元单元且网格划分精度要求较高的结构中的适用范围，甚至可以完成三维拱桥等大型空间模型中的优化，相应结果能为结构初期选型提供设计指导。

第4章　材料多等级拓扑优化

4.1　概述

在连续体结构拓扑优化中，所有 ESO 类算法通过离散的设计变量（0 或 1）来解决优化问题，Zhou 等[113] 指出直接删除单元可能会导致非最优解，用于解决静态不确定结构时，边界的破坏可能完全改变最初的优化问题。而且，优胜劣汰的启发式优化思想，虽然可以使材料利用程度不断提高，使结构向满应力结构优化，但结构中受力程度不同的区域，只能采用同一种材料，注定无法满足最优解的需求，或者说这种 0-1 优化方式所获得的优化结果极有可能仅为局部最优解。因此，在优化中线性内插多个弹性模量等级的材料，再构建基于变异系数的材料利用程度评价指标，以决定单元在不同材料等级间的升降，开发出材料多等级 BESO 算法，就成了一种必然的需求。

4.2　基本思想

4.2.1　数学模型

在经典 BESO 算法中的实体与空白材料之间引入多种中间材料，即形成材料多等级 BESO 算法。每种材料通过弹性模量赋值各异来体现等级差别，目标函数为最小化柔顺度并施加体积约束。问题的数学模型描述为：

$$最小化：C = \frac{1}{2} \boldsymbol{u}^{\mathrm{T}} \boldsymbol{K} \boldsymbol{u} = \sum_{i=1}^{N} \frac{1}{2} E_i \boldsymbol{u}_i^{\mathrm{T}} \boldsymbol{k}_i \boldsymbol{u}_i$$

$$服从：\boldsymbol{K} \boldsymbol{u} = \boldsymbol{P}$$
$$V = V_{\mathrm{obj}}$$
$$E_i = E_i(\boldsymbol{u}) \tag{4.1}$$
$$0 \leqslant E_i \leqslant E_0$$

式中，C 为结构柔顺度指标；$\boldsymbol{K}$、$\boldsymbol{u}$、$\boldsymbol{P}$ 分别为结构总体刚度矩阵、位移向量及荷载向量；E_i、$\boldsymbol{u}_i$、E_0、$\boldsymbol{k}_i$ 分别为第 i 个单元的弹性模量、第 i 个单元的位移向量、基准弹性模量（以其为基础确定其他材料的弹性模量）、单元刚度矩阵；V、V_{obj} 分别为结构当前体积率及目标体积率。

4.2.2 灵敏度

结构的刚度可以通过平均应变能间接表示[119]，其公式为：

$$C = \frac{1}{2} P^{\mathrm{T}} u = \frac{1}{2} u^{\mathrm{T}} K u \tag{4.2}$$

不同材料的弹性模量 E_i 为 E_0 的线性内插值，其表达式为：

$$E_i = E_0 x_i \tag{4.3}$$

式中，x_i 表示第 i 个单元的单元状态，1 表示最高等级材料，其余材料根据材料层数在 0-1 之间线性内插。

根据式（4.3），当结构中某一个单元状态 x_i 发生改变时，结构刚度的改变为：

$$\Delta K = K' - K = -\Delta x_i E_0 k_i \tag{4.4}$$

式中，K' 为单元状态改变后的刚度矩阵。

优化中，结构的荷载向量是与单元状态无关的常量，因此单元状态变化时：

$$K \Delta u + \Delta K u + \Delta K \Delta u = 0 \tag{4.5}$$

忽略相对高阶的微量 $\Delta K \Delta u$，单元状态改变时结构位移的改变为：

$$\Delta u = -K \Delta K u \tag{4.6}$$

由式（4.2）和式（4.4）可以得到，结构平均应变能的改变量为：

$$\Delta C = \frac{1}{2} P^{\mathrm{T}} \Delta u = -\frac{1}{2} P^{\mathrm{T}} K^{-1} \Delta K u = \frac{1}{2} \Delta x_i E_0 u_i^{\mathrm{T}} k_i u_i \tag{4.7}$$

因此，基于平均柔顺度的单元灵敏度可以被定义为：

$$\beta_i = \frac{1}{2} \Delta x_i E_0 u_i^{\mathrm{T}} K_i u_i \tag{4.8}$$

4.2.3 优化准则

经典 BESO 算法通常逐代从实体材料中淘汰低效单元，从已淘汰单元中恢复高效单元。在引入多种材料后，简单地沿用该准则，易造成材料病态，即高等级材料无法保留。因此，材料多层次 BESO 在这个基础上引入：

$$P_{j,1} = \frac{\sum_i^{\beta_i^j > \alpha_j \overline{\beta^j}} (\beta_i^j - \alpha_j \overline{\beta^j})^2}{\alpha_j \overline{\beta^j}}, \quad P_{j,2} = \frac{\sum_i^{\beta_i^j < \alpha_j \overline{\beta^j}} (\alpha_j \overline{\beta^j} - \beta_i^j)^2}{\alpha_j \overline{\beta^j}} \tag{4.9}$$

式中，$P_{j,1}$ 和 $P_{j,2}$ 分别指第 i 种材料的升级指标和降级指标，它们的定义基于变异系数，用来判定材料在等级之间的升降操作，用法如图 4.1 所示。对于最低等级的材料，仅执行删除操作。α_j 为第 j 种材料的平均值调整系数，用以控制优化方向。出于向目标体积率进化的要求，建议取 α_j 略大于 1，相当于降低高灵敏度材料的权重，使材料优化倾向降级。但对于最高等级材料，须取 α_j 小于 1，以保证优化的收敛性。β_i^j 为第 j 种材料中第 i 个单元的灵敏度，$\overline{\beta^j}$ 为第 i 种材料所有单元的灵敏度平均值。

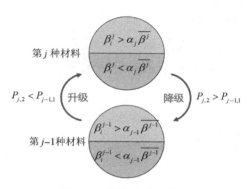

图 4.1　优化准则示意图

4.2.4　优化流程

以下材料多等级 BESO 在 MATLAB 软件平台上编程实现。采用四节点平面单元，单元均处于平面应力状态。为了克服棋盘格及网格依赖性问题，借鉴了文献 [118] 中的灵敏度过滤方法。流程图如图 4.2 所示，具体实现步骤如下：

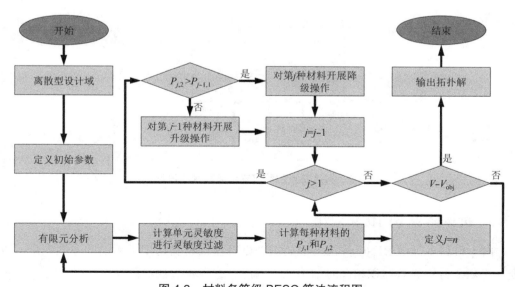

图 4.2　材料多等级 BESO 算法流程图

（1）使用有限元网格离散整个设计域；

（2）定义初始参数，包括目标体积率 V_{obj}、各级材料的平均值调整系数 α_j、升级

率 e_r 与降级率 r_r、材料层次数 n 和各材料的弹性模量等物理参数；

（3）对当前结构进行有限元分析；

（4）计算所有单元灵敏度；

（5）灵敏度过滤与更新；

（6）计算每种材料的升降级指标 $P_{j,1}$ 和 $P_{j,2}$；

（7）相邻材料等级间的升降级操作；

（8）判断是否满足优化中止准则（达到目标体积率 V_{obj}），是则优化结束，否则回到步骤（3）。

4.3 三点加载深梁算例

4.3.1 算例概况

四分点加载的简支深梁，尺寸与荷载参数如图 4.3 所示，单元尺寸选用 10mm×10mm，选用材料三等级 BESO 算法，三种材料分别采用弹性模量为 3×10^{10}Pa、2×10^{10}Pa 和 1×10^{10}Pa，泊松比为 0.3，平均值调整系数 α_1 取 0.6，α_2 与 α_3 取 1.1，升级率 e_r 与降级率 r_r 均设为 2%。出于对比，基于文献 [118] 中所提供的代码也完成了经典 BESO 算法，在优化中灵敏度过滤半径采用 2，V_{obj} 设为 30%，材料多等级 BESO 算法未尽参数均与经典 BESO 算法相同。

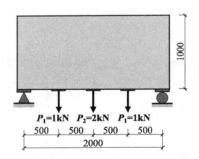

图 4.3 梁底三点加载简支深梁算例的设计域

4.3.2 折算体积下的优化对比

由于材料多等级 BESO 算法与经典 BESO 算法的材料选用了不同的弹性模量，直接对比剩余材料绝对体积相同时结构的柔顺度，存在较大的局限性。因此，参考文献 [131] 的做法，将体积与弹性模量关联，定义折算体积：

$$V_i = \frac{E_i}{E_0} \times 100\% \qquad (4.10)$$

式中，V_i 为第 i 个单元的体积，E_i 为该单元当前所属材料的弹性模量，E_0 为初始弹性模量，其大小为 3×10^{10}Pa。

　　图 4.4 和图 4.5 分别为算例的材料三等级 BESO 与经典 BESO。设计域中所有材料初始弹性模量均为 3×10^{10}Pa，在材料三等级 BESO 中为黑色。材料三等级 BESO 引入多种材料后，在优化的中间演变过程中不仅仅展现了构件中核心的受力骨架，更反映出了构件内部不同区域材料的重要程度；在拓扑解中，构件核心的受力部分为支座附件黑色区域与梁底部荷载作用处的黑色拉杆部分，其次为灰色受压材料的类拱形核心压杆，中间核心拉杆与压杆的连接为浅色材料。而从采用经典 BESO 所得的拓扑解中，仅能得到构件的核心受力骨架为底部拉杆、类拱型的压杆与两者间的连接拉杆。

（a）初始拓扑

（b）过程拓扑Ⅰ（折算体积率为 75%）

（c）过程拓扑Ⅱ（折算体积率为 45%）

（d）拓扑解（折算体积率为 30%）

（弹性模量为 3×10^{10}Pa、2×10^{10}Pa 和 1×10^{10}Pa 的三种材料，分别用黑色、灰色和浅色表示）

图 4.4　梁底三点加载简支深梁算例的材料三等级 BESO

（a）过程拓扑Ⅰ（折算体积率为 75%）

（b）过程拓扑Ⅱ（折算体积率为 48%）

图 4.5　梁底三点加载简支深梁算例的经典 BESO（一）

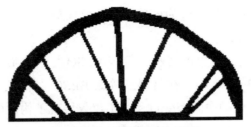

（c）拓扑解（折算体积率为 30%）

（单一材料，弹性模量为 3×10^{10}Pa）

图 4.5　梁底三点加载简支深梁算例的经典 BESO（二）

表 4.1 中列出了折算体积率为 30% 时，采用材料多等级 BESO 与经典 BESO 分别所得拓扑解的柔顺度指标及耗时量对比。从表 4.1 可以看出，最终体积率优化至存留 30% 时，材料多等级 BESO 的柔顺度指标为 0.775N·mm，低于经典 BESO 的柔顺度指标 0.814N·mm。但不得不指出的是，材料多等级 BESO 耗时 3 倍于经典 BESO。

梁底三点加载简支深梁算例拓扑解的柔顺度指标与耗时对比（折算体积率为 30%）　表 4.1

算法	经典 BESO	材料多等级 BESO
柔顺度指标（N·mm）	0.814	0.775
耗时（min）	4	12

4.3.3　绝对体积下的优化对比

折算体积率相同时，采用材料多等级 BESO 所得的拓扑解虽然获得更低的结构柔顺度，但其与采用经典 BESO 所得拓扑解中形成了清晰的杆件不同。由于较次材料拥有更低的折算体积，所以其在结构中所占的实际绝对体积更大。对于这种优化结果，目前缺乏将其转化为实际设计手段，应用只能寄希望于 3D 打印。拓扑优化目前主要作为一种概念设计方法，当前主流的设计方法主要有两种，通过拓扑优化获取清晰的杆件优化结果，随后通过优化结果的指导将其转化为 STM 或桁架模型，再完成构件设计。

图 4.6 所示为绝对体积率为 30% 时的材料多等级 BESO 拓扑解，此时的折算体积率为 16%，柔顺度指标为 1.296N·mm，耗时约 24min。比较图 4.6 与图 4.5（c），不难看出，两者具有类似的构型；但采用材料三等级 BESO 得到的拓扑解，不仅最终形成了反映构件受力机理的杆系结构，而且由于在受力较大的部位可以通过材料等级来描述，不再需要通过杆件截面来表达，所以杆件分化更清晰。更为重要的是，通过不同的材料等级还反映了不同区域材料的重要程度。

表 4.2 中列出了绝对体积率为 30% 时，采用材料三等级 BESO 与经典 BESO 分别所得拓扑解的变异系数对比。从表 4.2 中可以看出，在采用材料三等级 BESO 所得拓扑解中，三种材料的变异系数分别为 4.41、0.14 和 0.28；而在采用经典 BESO 中所

（弹性模量为 3×10^{10}Pa、2×10^{10}Pa 和 1×10^{10}Pa 的三种材料，分别用黑色、灰色和浅色表示）

图 4.6　梁底三点加载简支深梁算例的材料三等级 BESO 拓扑解（绝对体积率为 30%）

得拓扑解中，单一材料的变异系数达 4.9，前者低于后者。由于变异系数反映了材料的灵敏度的离散程度与所有材料单元偏离平均值的程度，对应着材料的利用程度，这意味着采用材料多等级 BESO 所得拓扑解的材料利用率远高于经典 BESO 的 0-1 优化。

梁底三点加载简支深梁算例优化拓扑解的变异系数对比（绝对体积率均为 30%）　表 4.2

算法	材料三等级 BESO			经典 BESO
	材料 1	材料 2	材料 3	
变异系数	4.41	0.14	0.28	4.90

4.3.4　材料等级数的影响

出于对比，完成了 4.3.2 节算例的材料两等级 BESO 和材料四等级 BESO，优化参数均与 4.3.2 节相同，结果如图 4.7 和图 4.8 所示。

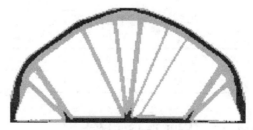

（a）折算体积率为 30%　　　　　　　　　　　　　　　（b）绝对体积率为 30%

（弹性模量为 3×10^{10}Pa 和 1.5×10^{10}Pa 的两种材料，分别用深色和浅色表示）

图 4.7　梁底三点加载简支深梁算例的材料两等级 BESO 拓扑解

对比图 4.7、图 4.8 与图 4.4（d）、图 4.6，可以看出，在折算体积率与绝对体积率分别为 30% 时，采用材料两等级 BESO、材料三等级 BESO 和材料四等级 BESO 所得的拓扑解都较为类似，都能较好地反映结构的受力机理。但相比之下，材料更多时，能更细致地反映相关信息，如相比于材料两等级 BESO，采用材料三等级 BESO

（a）折算体积率为 30%　　　　　　　　　　　　（b）绝对体积率为 30%

（弹性模量为 3×10^{10}Pa、2.25×10^{10}Pa、1.5×10^{10}Pa 和 7.5×10^{9}Pa 的四种材料，分别用黑色、深灰色、浅灰色和浅色表示）

图 4.8　梁底三点加载简支深梁算例的材料四等级 BESO 拓扑解

和材料四等级 BESO 所得的拓扑解都额外反馈出梁底主要拉杆比核心受压主拱圈的受力更高；而相较于材料两等级 BESO 和材料三等级 BESO，采用材料四等级 BESO 所得的拓扑解还表明了支座与加载点局部受力，应力水平相比其他区域更高。

　　表 4.3 中列出了不同材料等级数下的柔顺度指标与耗时对比。可以看出，在相同的折算体积率下优化所采用的材料等级越多，所获得的结构柔顺度就越低；在相同的折算体积率下，这些采用材料多等级 BESO 所得拓扑解都低于采用经典 BESO 所得拓扑解的柔顺度，这与不同受力程度区域采用不同材料时更接近全局最优解的预期是相符的。通过分析易知，线性内插越多弹性模量等级的材料，在某个绝对体积率下，结构的平均材料刚度就较低，结构柔顺度就越高。但同时，材料越多，优化过程越复杂，所需时间也越长。

梁底三点加载简支深梁算例的不同材料等级 BESO 拓扑解的柔顺度与耗时对比　表 4.3

算法	材料两等级 BESO		材料三等级 BESO		材料四等级 BESO	
	折算体积率为 30%	绝对体积率为 30%	折算体积率为 30%	绝对体积率为 30%	折算体积率为 30%	绝对体积率为 30%
柔顺度指标（N·mm）	0.784	1.123	0.775	1.296	0.767	1.650
耗时（min）	8	11	12	24	18	32

4.4　其他 D 区算例

4.4.1　Z 形梁

　　本节选取集中荷载下 Z 形梁为算例，尺寸与荷载参数如图 4.9 所示，优化基本参数与 4.3 节中一致，优化过程如图 4.10 所示。从图中可以看到，Z 形梁的受力比较复杂，其受力程度最高的区域为加载点传力处与支座和截面变化应力集中处；其次，为外部的灰色受力骨架，在不同区域分别传递拉力与压力；最后，构件内部为大量浅色直杆和弧形杆件。

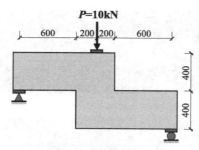

图 4.9　Z 形梁算例的设计域

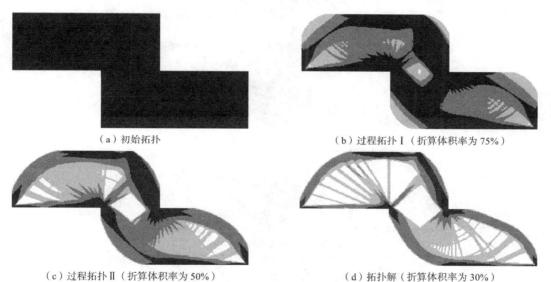

（a）初始拓扑　　　　　　　　　　　　　　　　（b）过程拓扑Ⅰ（折算体积率为 75%）

（c）过程拓扑Ⅱ（折算体积率为 50%）　　　　　　　　（d）拓扑解（折算体积率为 30%）

（弹性模量为 3×10^{10}Pa、2×10^{10}Pa 和 1×10^{10}Pa 的三种材料，分别用黑色、灰色和浅色表示）

图 4.10　Z 形梁算例的材料三等级 BESO

4.4.2　两跨连续深梁

本节选取均布荷载作用下两跨连续深梁为算例，尺寸与荷载参数如图 4.11 所示，优化基本参数与 4.3 节中一致，优化过程如图 4.12 所示。从图 4.12 中可以看到，主要受力区域为两跨内的核心受压拱圈、底部受拉区域与支座附近，次要受力部位为传递荷载的压杆。

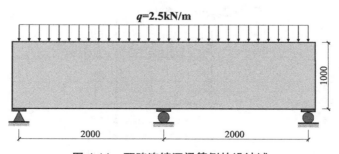

图 4.11　两跨连续深梁算例的设计域

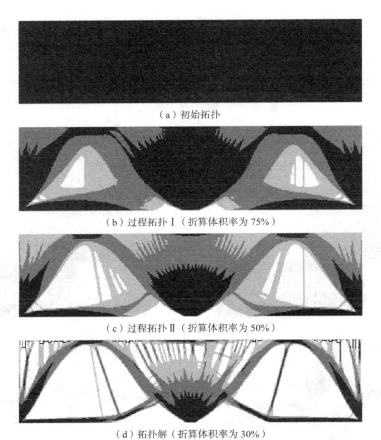

（a）初始拓扑

（b）过程拓扑 I （折算体积率为 75%）

（c）过程拓扑 II （折算体积率为 50%）

（d）拓扑解（折算体积率为 30%）

（弹性模量为 3×10^{10}Pa、2×10^{10}Pa 和 1×10^{10}Pa 的三种材料，分别用黑色、灰色和浅色表示）

图 4.12　两跨连续深梁算例的材料三等级 BESO

4.4.3　开洞剪力墙

　　本节选取开洞剪力墙为算例，尺寸与荷载参数如图 4.13 所示，拓扑解取折算体积率为 0.15，其他优化基本参数与 4.3 节中一致，优化过程如图 4.14 所示。从图 4.14 中可以看到，其同样反映了构件内部的传力路径与不同区域的重要程度。

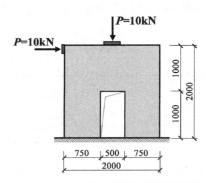

图 4.13　开洞剪力墙算例的设计域

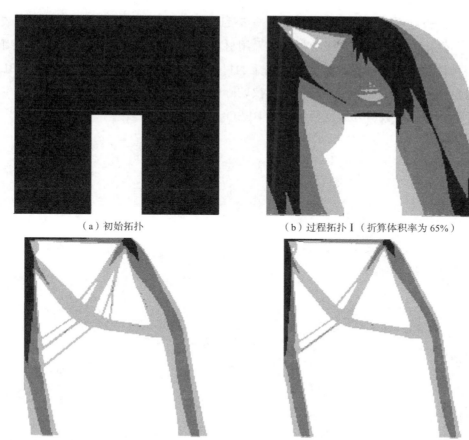

（a）初始拓扑　　　　　　　　　　（b）过程拓扑Ⅰ（折算体积率为 65%）

（c）过程拓扑Ⅱ（折算体积率为 35%）　　　　　（d）拓扑解（折算体积率为 30%）

（弹性模量为 $3×10^{10}$Pa、$2×10^{10}$Pa 和 $1×10^{10}$Pa 的三种材料，分别用黑色、灰色和浅色表示）

图 4.14　开洞剪力墙算例的材料三等级 BESO

从 Z 形梁、两跨连续深梁与开洞剪力墙的优化结果可以看到，材料多等级 BESO 算法可以应用于不同 D 区构件，验证了其稳定性与广泛适用性。

4.5　本章小结

（1）在经典 BESO 非"生"即"死"的材料基础上，线性内插多个弹性模量等级的材料，根据利用程度来决定不同材料等级间的升降，即得到材料多等级 BESO。

（2）在相同的折算体积率下，采用材料多等级 BESO 可以获得比采用经典 BESO 更符合优化目标（即柔顺度更低）的拓扑解。这表明，材料多等级 BESO 有着更强的全局寻优能力。

（3）在相同的绝对体积率下，采用材料多等级 BESO 与经典 BESO 分别所得的拓扑解较为相似；但采用材料多等级 BESO 所得的拓扑解整体杆件更清晰，材料利用率更高，并且通过不同等级的材料分布进一步反映了构件的受力机理。

（4）优化基于的材料等级数越多，采用材料多等级 BESO 所得的拓扑解越能细致地反映构件的受力机理。但随着优化基于的材料等级数增加，开展材料多等级 BESO 的耗时也会变多，即优化效率降低，建议实际应用时权衡优化精度和优化效率，以选择合适的材料等级数，开展材料多等级 BESO。

第5章　位移边界与荷载工况对拓扑解的影响

5.1　概述

随着结构工程的发展，自重小、承载力高且符合力学原理的结构已成为工程设计中的一般要求。深梁作为一种常见的深受弯构件，不满足平截面假定；也正是由于对其传力路径和受力机理的认识不够充分，致使在杆系模型的基础上辅以试验修正的经验设计方法仍常常得到推荐，如 Subedi[132] 等通过静力试验给出的钢筋混凝土深梁配筋建议，我国《混凝土结构设计规范》GB 50010—2010[133] 在附录 G 中推荐的类似的半经验设计方法。从试验数据来看，这类方法可使深梁具有较高的安全性，但配筋量较大且设计缺乏足够的力学理论支撑；美国《混凝土结构设计规范》[134] 推荐了 STM 设计方法，这是一种从应力出发、有良好力学依据的方法，值得借鉴；但这类方法运行的前提是对于构件内部传力路径的掌握，以建立合理的 STM。

STM 源于桁架模型[135-136]，是一种描述构件传力路径的力学模型。为深梁建立这类桁架模型，对于揭示其传力路径和受力机理有着较为重大的意义，同时也能起到设计指导的作用。然而，当面临复杂的边界条件时，如各式各样的支座形式、不同的超静定次数或形态各异的构件上开洞等；或者面临复杂的荷载工况时，如多个集中力、多种分布力等，都可能引起传力路径的复杂化[137]。此时，桁架模型的建立有一定的难度。

拓扑优化方法的出现使得这一问题得到一定程度上的解决，其良好的图形演化能力使桁架模型的建立有了直观的依据。本章利用 ESO 类算法演化出混凝土深梁在各种不同位移边界和荷载工况下对应的拓扑解，借此剖析这些特定因素对深梁传力路径和受力机理的影响，为混凝土深梁提供新的配筋概念设计思路，也可以作为对传统设计方法的改进和补充。这里主要讨论不同加载位置引起的构件拓扑解差别及相应的力学原因。

本章的数值算例均以 ANSYS 有限元软件为平台，选用 plane82 单元对材料的线弹性行为进行模拟，在 ANSYS 的 APDL 功能下编写程序实现 WESO，以求得的拓扑解作为对比研究的基本数据。

5.2 支座约束对单跨深梁拓扑解的影响

5.2.1 算例概况

4根支座约束条件不同、开洞情形相同的钢筋混凝土深梁，分别为简支深梁，两端固定铰支深梁，一端固支、一端铰支深梁和两端固支深梁。其尺寸、洞口设置与加载方式均完全相同，具体的尺寸及设计荷载如图5.1所示。深梁支座处和加载点处分别设有120mm、100mm宽的刚性垫块，以防止局部承压破坏。

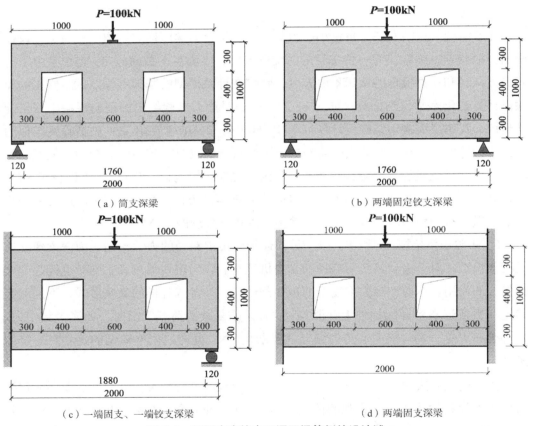

图 5.1 不同支座约束开洞深梁算例的设计域

4个构件均处于平面应力状态，有限元分析中将钢筋混凝土视为一种可拉、可压的复合材料，材料本构关系输入时弹性模量均为 $2.8 \times 10^4 \text{N/mm}^2$，泊松比均为 0.2，选用 plane82 单元对其线弹性行为进行模拟。该类单元为 8 节点单元，包括一个厚度（仅对平面应力问题）实常数，可以适应不规则形状而较少损失精度。划分单元尺寸均选择 20mm × 20mm。WESO 算法中的参数选择参考了文献 [138] 的建议：过程选择的初始劣等个体评判标准均为单元应变能小于 $0.05\bar{\varepsilon}$（$\bar{\varepsilon}$ 为整个结构的平均单元应变能，0.05 为窗宽初始阈值）。当某代淘汰单元总数小于 100 时，下代窗宽阈值自适应地增加 0.001；当某代淘汰单元总数处于 $100 \sim 300$ 时，下代窗宽阈值不变；当某代淘汰单元总数大于 300 时，下代窗宽阈值自适应地缩至 2/3 倍。

5.2.2　拓扑解

首先，以图 5.1（b）所示的两端固定铰支开洞深梁为例，简要叙述 WESO 的拓扑过程。图 5.2（a）~（d）分别为优化至体积存留率为 93%、83%、67% 和 50% 时对应的过程拓扑，图 5.2（e）为寻得的拓扑解（体积存留率为 24%）。

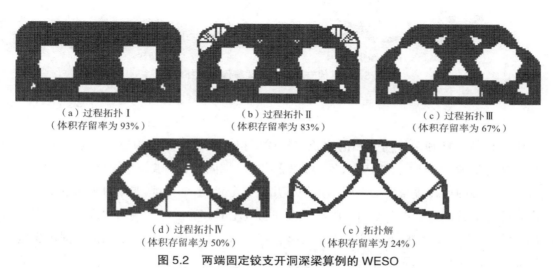

（a）过程拓扑 I
（体积存留率为 93%）　　　　（b）过程拓扑 II
（体积存留率为 83%）　　　　（c）过程拓扑 III
（体积存留率为 67%）

（d）过程拓扑 IV
（体积存留率为 50%）　　　　（e）拓扑解
（体积存留率为 24%）

图 5.2　两端固定铰支开洞深梁算例的 WESO

从图 5.2（a）、（b）可以看出，对于跨中集中荷载作用下的两端固定铰支开洞深梁，初期的优化主要在梁顶端两角以及跨中腹底进行；从图 5.2（c）、（d）可以看出，随着单元删除个数的增加，在加载点与支座连线上以及梁腹逐渐删除一些三角形区域，拓扑图形沿着压力和拉力的传递路径开始显著地向杆系结构演化；至图 5.2（f）所示的拓扑解，该杆系结构已十分清晰，由两个纺锤形组合压杆和两根梁腹的拉杆组成，每个纺锤形组合压杆包含两根分别从洞口外侧上方和内侧下方绕过洞口的三折线压杆，以及两根分别位于洞口内侧上方和外侧下方的连接折点的拉杆。

其余三种支座约束下的深梁算例，它们通过 WESO 寻得的拓扑解如图 5.3 所示。其中，两侧固支深梁因约束冗余度较高，可以分别得到平均应力水平较低（对应最大刚度）和平均应力水平较高（对应最小自重）两种不同优化程度的拓扑解，分别如图 5.3（c）、（d）所示。

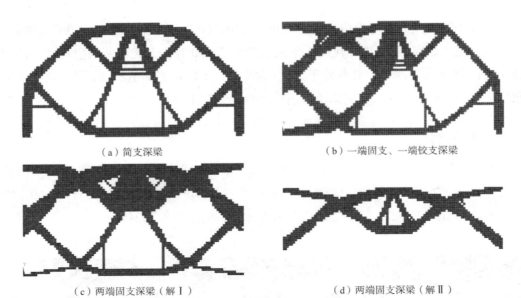

(a) 简支深梁   (b) 一端固支、一端铰支深梁

(c) 两端固支深梁（解 I）   (d) 两端固支深梁（解 II）

图 5.3 其他支座约束深梁算例的拓扑解

从图 5.3（a）可以看出，简支深梁的拓扑解主要由上部接近拱形的折线形主压杆、跨中两根斜压杆和两根向上凹的通长三折线形拉杆组成，分别相当于桁架中的上弦杆、斜腹杆和下弦杆。从图 5.3（b）可以看出，一端固支、一端铰支深梁的拓扑解中，右侧铰支端的拓扑解与简支深梁的拓扑解几乎完全相同；左侧固支端的拓扑解则主要由四部分组成，洞口左上方的主压杆下端和洞口左下方的拉杆上端均伸进固定支座中部，洞口右下方的压杆下端伸进固定支座底部，洞口右上方的拉杆上端伸进固定支座顶部。从图 5.3（c）可以看出，两端固支深梁对应最大刚度的拓扑解两侧，均与一端固支、一端铰支深梁的左侧固支端的拓扑解基本相同。从图 5.3（d）可以看出，两端固支深梁对应最小自重的拓扑解在图 5.3（c）的基础上，仅保留了图 5.3（c）拓扑洞口以上的部分，包括一根两端伸进固定支座中部的拱形压杆，一根向上凹、两端伸进固定支座顶部的拉杆和跨中的两根短斜腹杆。值得注意的是，此时的拓扑解已经十分接近符合满应力准则的 Michell 桁架解[111]。

5.2.3 支座约束的影响

据图 5.2 和图 5.3 所示的拓扑解展开分析，可以得出：

（1）从图 5.2（e）和图 5.3 可以看出，不同支座约束下的深梁拓扑解均演化出了近似杆系结构。

（2）比较图 5.2（e）和图 5.3（a）不难发现，两者的上半部分基本相同，下半部分则有显著区别。简支深梁拓扑解下半部分包括底部的一根通长的三折线拉杆和跨中的两根斜压杆，并且位于洞口内侧这两根斜压杆下端均支撑在三折线拉杆的折点上。

造成这一局面的原因是简支深梁只有一个水平支座，在竖向荷载作用下无法提供可组成平衡力系的水平反力组，所以需要有通长的拉杆来限制结构的水平位移。

（3）图 5.3（a）、（b）右半部分近乎完全相同，这是因为它们的右端均为活动铰支座，这说明相同的支座有着相同的约束向量和约束程度，所以两者受该活动铰支座约束影响的结构右侧部分演化出相似的拓扑。而一端固支、一端铰支深梁的左端为固定端，与简支深梁左端的固定铰支座端相比，相当于增加了结构左端的约束程度——左端沿构件高度范围内均提供了可约束的条件，因此图 5.3（b）所示一端固支、一端铰支深梁的拓扑解，表现为其所有伸向左侧固支端的杆件（包括压杆和拉杆）均在图 5.3（a）所示简支深梁拓扑解的基础上，继续向左延伸至支座内以固定，并且不再需要类似简支深梁拓扑解中左端固定铰支座上因向下传递压力至支座所需的竖直压杆。此外，图 5.3（b）的左侧整体上较图 5.3（a）左侧"粗壮"，这是由于简支深梁左右两端均为铰支座，约束程度基本对称；而一端固支、一端铰支深梁左端为固定支座，其约束程度高于右端的铰支座，从而导致结构左半部分的刚度大于右半部分。而结构内部的传力是按刚度分配的，所以左半部分最终的应力水平显著高于右半部分，拓扑中左侧保留的单元也就远多于右侧。

（4）图 5.3（c）的两侧分别与图 5.3（b）的左侧相近，再次证明相同的约束条件下将演化出相似的拓扑。至于左侧下部的杆件，图 5.3（b）较图 5.3（c）略"粗"，依然是因为一端固支、一端铰支深梁左侧刚度大于右侧，而两端固支深梁是对称的。

（5）对比两端固支深梁的两种不同优化目标和优化程度的拓扑解，即图 5.3（c）、（d）可以看出，对应最小自重的图 5.3（d）刚好为对应最大刚度的图 5.3（c）的上半部分。从传力路径的角度来看，加载点位于结构顶部，两端的固定支座从上至下均提供了可约束的条件。所以，根据最短路径原则，上半部分结构杆件的约束端也基本位于支座上部，以实现"最短"传力；也正是因为如此，结构上半部分传递了更多的力至支座，自然其应力水平高于下半部分；或者说，上半部分的材料利用率更高，所以图 5.3（c）上半部分保留的单元多于下半部分，即上半部分杆件较"粗"。同理，当在图 5.3（c）的基础上应力继续提高时，应力水平较低的下半部分杆件可以继续被优化，以最大限度地降低自重，形成图 5.3（d）所示的拓扑形态。

（6）综合以上讨论，拓扑解事实上反映了结构内部的传力路径，相同的构件在相同的荷载工况下，随着支座约束程度的提高，结构内部的传力路径也增多；但每条路径上，力以更短、更直接的方式向支座传递。

5.3　开洞位置对单跨深梁拓扑解的影响

5.3.1　算例概况

4 根两端固定铰支开洞深梁的外轮廓尺寸与加载方式均完全相同，仅开洞情况有一定区别，分别为未开洞深梁、开洞深梁 I（洞口居中）、开洞深梁 II（洞口距左侧550mm）和开洞深梁 III（洞口距左侧300mm），具体的尺寸及设计荷载如图5.4所示。其余未尽的设计与优化参数均与5.2.1节相同。

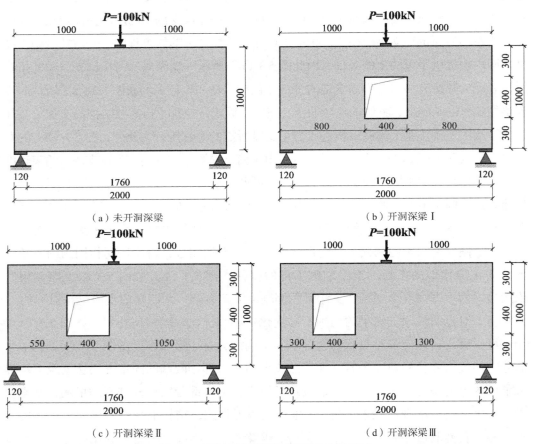

图 5.4　不同开洞情况深梁算例的设计域

5.3.2　拓扑解

通过 WESO 寻得的拓扑解如图5.5所示。其中，未开洞深梁的拓扑解呈现三角桁架状，如图5.5（a）所示，均仅剩加载点与支座连线的两根压杆，这也是这种工况下最短、最直接的传力路径；开洞深梁 I 的拓扑解与未开洞深梁几乎相同，如图5.5（b）所示；开洞深梁 II 的拓扑解由顶部的类 Michell 桁架结构和两侧的对称斜压杆组成，如图5.5（c）所示；开洞深梁 III 的拓扑解右侧与未开洞深梁基本相同，通过加载点与支座连线的压杆直接传力；而左侧则演化出图5.2（f）中相似的纺锤形组合压杆，如图5.5（d）所示。这表明，图5.1（b）的双侧开洞深梁，每个洞口对加载点与远端支座间的传力路径基本没有影响，因此本节开洞深梁算例均只开设了一个洞口。

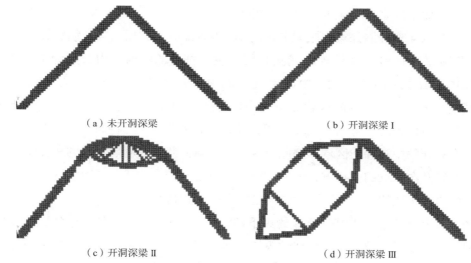

（a）未开洞深梁　　　　　　　　　　　　（b）开洞深梁 I

（c）开洞深梁 II　　　　　　　　　　　　（d）开洞深梁 III

图 5.5　不同开洞情况深梁算例的拓扑解

5.3.3　开洞位置的影响

据图 5.5 所示的拓扑解展开分析，可以得出：

（1）从图 5.5（a）、（b）可知，开洞深梁 I 与未开洞深梁有着几乎完全相同的拓扑解。这说明，洞口的设置未切断最短传力路径，也未对该路径造成其他实质性阻碍时，拓扑解不受影响。

（2）比较图 5.5（a）、（c），开洞深梁 II 上洞口的设置在洞口左上角区域影响了未开洞时左侧斜压杆的直接传力方式，图 5.5（c）中的斜压杆较图 5.5（a）减小了倾斜角度，以规避洞口对传力的影响。但如此，则在结构顶部需要演化出一个水平跨越构件，将集中荷载传递给两侧有一定水平距离的柱顶。那么，从满应力的优化目标出发，符合 Michell 准则的桁架解是最理想的选择。

（3）比较图 5.5（a）、（d），两者右侧相同的原因无须赘述，左侧的差异是由于开洞深梁 III 上洞口的设置完整地"切断"了图 5.5（a）中左侧斜压杆这种直接的传力路径，从而分化出分别从洞口外侧上方和内侧下方绕过洞口的两根三折线压杆。洞口内侧上方和外侧下方的连接折点的拉杆，则出于结构几何组成的需要，最终呈现纺锤形组合压杆的形态。

（4）图 5.5（c）、（d）存在较大差别，这是因为：首先，论洞口设置对斜压杆直接传力方式的影响程度，显然开洞深梁 III 大过开洞深梁 II，因此图 5.5（c）中通过增设小型 Michell 桁架以水平跨越一段距离后可以实现直接传力，而图 5.5（d）只能面对绕过洞口的压力传递方式；其次，根据结构力学知识，图 5.5（d）中的纺锤形组合压杆与图 5.5（a）中的斜压杆间是满足构造变换特性的，它们在结构上是等效的，而图 5.5（c）因其洞口位置的原因，无法形成以加载点和支座连线为对称轴的纺锤形组合压杆,从而难以完成对斜压杆的构造变换。

(5)提取 4 根开洞深梁有限元分析的 von Mises 应力数据,未开洞深梁、开洞深梁 I、开洞深梁 II 和开洞深梁 III 的拓扑解中主压杆上的峰值应力分别为 17.08MPa、17.49MPa、22.22MPa 和 26.25MPa。可见,其中未开洞深梁与开洞深梁 I 基本相当,且比其他 2 个构件低,开洞深梁 II 居中,开洞深梁 III 最高。这也说明,在设计深梁上的具体洞口位置时,可以先获取未开洞时对应的拓扑解,再将洞口设置在最大程度规避这个拓扑解中杆件的区域。如此,就使得相同荷载下开洞后深梁的拓扑解最大程度地接近未开洞深梁的拓扑解,即尽可能保持直接的传力方式,从而实现应力均匀化和峰值应力最小化的目标,这样对结构受力也最为有利。

(6)对上一节算例中其他支座约束下的深梁,针对不同开洞情形完成拓扑构造,都表现出与两端固定铰支深梁相似的规律。即当洞口设置阻碍了构件内最短的直线传力时,与未开洞时比,拓扑解中主压杆通过调整倾角,并根据阻碍程度的不同,从洞口一侧或两侧绕过洞口;且出于拓扑解的结构稳定,会额外演化出一些较短的杆件或较小的 Michell 桁架来支撑主要压杆。可见,约束程度影响构件内部的传力路径数量,而开洞可能直接改变传力路径的形态。

5.4　支座约束和开洞情况对两跨连续深梁拓扑解的影响

为更深入探讨支座约束与开洞对拓扑解的影响,以结构特性和位移边界条件更复杂但在工程中应用更广泛的连续深梁作为算例,包括连续深梁 I(每跨开对称双洞的两跨固定铰支深梁)、连续深梁 II(每跨开不对称单洞的两跨固定铰支深梁)和连续深梁 III(每跨开对称双洞的两跨边固支中铰支深梁),具体的尺寸参数及设计荷载如图 5.6所示,其余参数均与上一节相同。不同位移边界连续深梁的拓扑解,如图 5.7 所示。

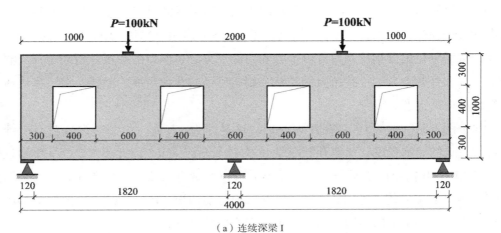

(a)连续深梁 I

图 5.6　不同支座约束和开洞情况连续深梁算例的设计域(一)

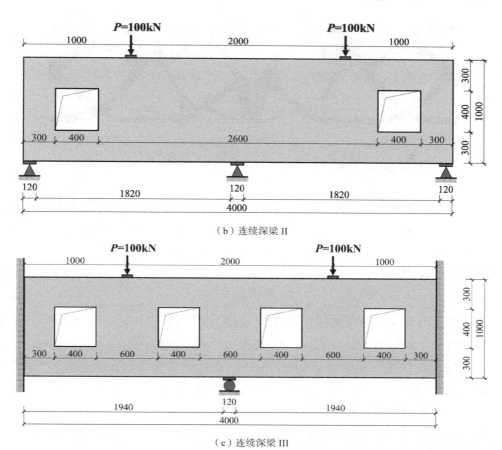

（b）连续深梁 II

（c）连续深梁 III

图 5.6　不同支座约束和开洞情况连续深梁算例的设计域（二）

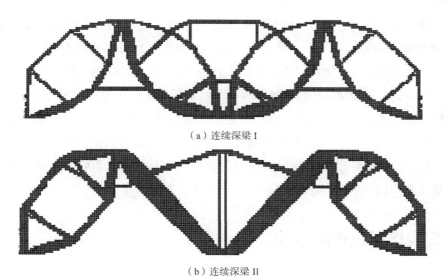

（a）连续深梁 I

（b）连续深梁 II

图 5.7　不同支座约束和开洞情况连续深梁算例的拓扑解（一）

（c）连续深梁 III

图 5.7 不同支座约束和开洞情况连续深梁算例的拓扑解（二）

从图 5.7 可以看出，连续深梁 II 每跨跨内的拓扑解都与 5.2 节的开洞深梁 III 的拓扑解（图 5.5c）相似，包括开洞侧的纺锤形组合压杆以及未开洞侧加载点与支座连线的斜压杆；由此可见，连续深梁每跨跨内的拓扑解与相同位移边界条件下尺寸相当的单跨深梁基本相同。由此也说明，与单跨相比，连续跨越并未改变构件跨内的主要传力路径。

连续深梁与相应单跨深梁拓扑解的最大区别体现在中支座附近。从图 5.7 可以看出，连续深梁 I 和连续深梁 III 都在中支座上方形成了近似拱形的三折线拉杆以及折点上通过竖向压杆支撑在纺锤形组合压杆上，而连续深梁 II 则在中支座上形成了竖向压杆与顶端两侧对称拉杆的"斜拉"体系。3 根连续深梁中支座上拓扑形态的相似性反映出连续深梁在最大负弯矩的该截面顶部有着相近的拉应力轨迹线，表明了中支座联结两侧深梁以保证它们的协同受力和变形，从而提高了结构整体刚度的能力；而3 根连续深梁中支座上拓扑形态的差异则反映出当中支座两侧因开洞影响以致不能以最直接的斜直压杆方式传递压力，而需要演化出绕过洞口的纺锤形组合压杆时，该截面顶部联系两侧的拉杆形态也将受到影响。这种拉杆形态的差异可以通过 Michell 准则满应力解中需要压杆与拉杆总是垂直的予以解释。此外，查询有限元分析的 von Mises 应力数据可知，连续深梁 I、连续深梁 II 和连续深梁 III 的支座拉杆峰值应力分别为 23.75MPa、16.82MPa 和 20.96MPa，即连续深梁 I 和连续深梁 III 的支座拉杆峰值应力均要显著高于连续深梁 II，拉杆形态的差异应是导致这一局面出现的重要原因。

综上所述，支座约束与开洞情形对连续深梁跨内与边支座拓扑解的影响与单跨深梁差别甚微；在中支座上会演化出支撑两侧的拉杆，对结构受力较为有利。但当支座两侧设置了洞口时，又可能会使这根拉杆本身承受的应力增大。

5.5 荷载作用位置的影响

5.5.1 算例概况

仍以第 5.3.1 节的开洞深梁 III 为算例，单侧开洞，以图 5.4（d）所示的跨中顶部加载作为单点集中加载工况 II，再增加 4 个对比工况，分别是加载点位于梁顶近洞口侧（至位于左端的洞口水平距离 650mm）、梁顶远离洞口侧（至位于左侧的洞口水平距离 1350mm）、梁跨中腹部以及梁跨中底部，具体的尺寸及设计荷载如图 5.8 所示。其余设计与优化参数均与第 5.2.1 节相同。

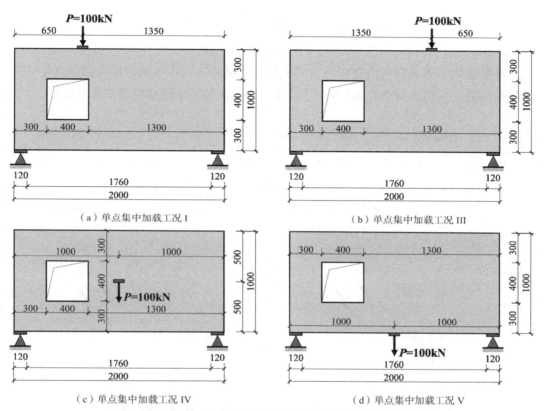

（a）单点集中加载工况 I　　　　　　　　　　　（b）单点集中加载工况 III

（c）单点集中加载工况 IV　　　　　　　　　　　（d）单点集中加载工况 V

图 5.8　不同位置单点集中力作用下单侧开洞深梁算例的设计域

5.5.2　拓扑解

该算例在单点集中加载工况 II 下的拓扑解见图 5.5（d），其余工况下的拓扑解如图 5.9 所示。从图 5.5（d）和图 5.9 可以看出，该算例在不同的单点集中加载工况下

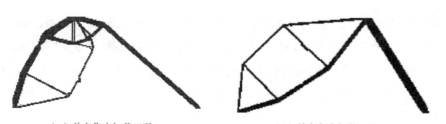

（a）单点集中加载工况 I　　　　　　　　　　（b）单点集中加载工况 III

图 5.9　不同位置单点集中力作用下单侧开洞深梁算例的拓扑解（一）

 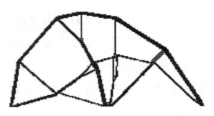

（c）单点集中加载工况 IV   （d）单点集中加载工况 V

图 5.9　不同位置单点集中力作用下单侧开洞深梁算例的拓扑解（二）

的拓扑解也均显著表现为由直杆组合而成的杆系结构，这在反映结构内部最直接传力路径的同时，也再次为建立阐释其受力机理的 STM 等力学模型提供了参考依据。

5.5.3　STM 构建

STM 中，将混凝土作为理想受压杆件承担主要压力，压杆宽度在传递轴向压力的过程中会垂直于压力方向扩张，形成两端收紧、中间饱满的瓶形压杆态。在 STM 计算中，等效为等截面的理想棱柱形压杆，如图 5.10（a）所示；或是均匀的梯形压杆，如图 5.10（b）所示。

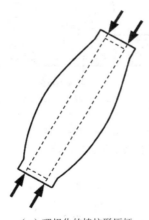 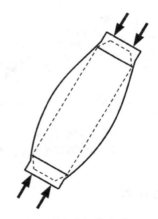

（a）理想化的棱柱形压杆   （b）均匀化的梯形压杆

图 5.10　瓶形压杆

钢筋混凝土构件中，混凝土虽然抗压能力强，但抗拉性能较差，而钢筋的抗拉性能要远远大于混凝土，故在 STM 构建过程中，常将钢筋视为主要受拉构件，忽略混凝土的抗拉作用。结点区起到连接 STM 中拉杆与压杆的作用，一般分为三种结点：压 - 压 - 压（CCC）、压 - 压 - 拉（CCT）、压 - 拉 - 拉（CTT），如图 5.11 所示。

若在结构中出现多于三个方向的力，则需将多余的力换算成只含三个力的力系，如图 5.12 所示。

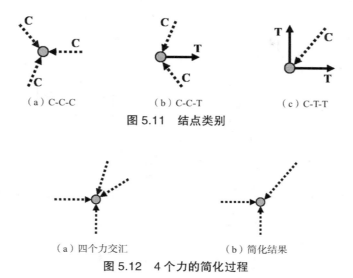

（a）C-C-C　　　　　　（b）C-C-T　　　　　　（c）C-T-T

图 5.11　结点类别

（a）四个力交汇　　　　　　　　（b）简化结果

图 5.12　4 个力的简化过程

拓扑优化可以帮助构建 STM，具体流程如图 5.13 所示。按照这样的方法，对于如图 5.5（d）和图 5.9 所示的算例拓扑解，本节据此构建出 STM，如图 5.14 所示，作为之后的配筋设计指导。

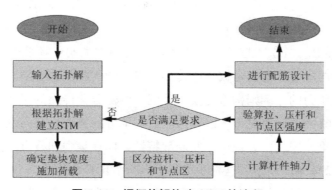

图 5.13　据拓扑解构建 STM 的流程

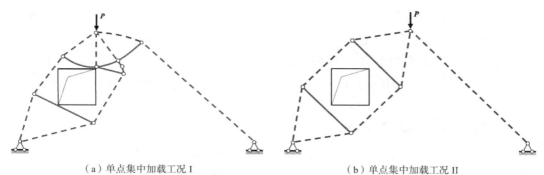

（a）单点集中加载工况 I　　　　　　　　（b）单点集中加载工况 II

图 5.14　不同位置单点集中力作用下单侧开洞深梁算例的 STM（一）

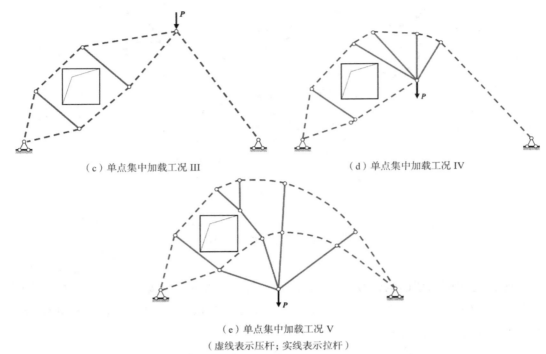

（c）单点集中加载工况 III　　　　　　　（d）单点集中加载工况 IV

（e）单点集中加载工况 V

（虚线表示压杆；实线表示拉杆）

图 5.14　不同位置单点集中力作用下单侧开洞深梁算例的 STM（二）

从图 5.14（a）~（c）可以看出，当深梁承受顶部的集中荷载时，梁体内均以压力的形式分别向两端底部的固定铰支座传递。未开洞的右侧即为斜直杆，受开洞影响而无法直接传递压力的左侧则构造变换出从洞口两侧分化传递的折线压杆，仅图 5.14（a）所示的单点集中加载工况 I 下因绕过洞口右下方的折线压杆向左端底部固定铰支座传力有一定困难。因此，表现出一些局部特性，即在集中加载点附近的梁顶区域形成类 Michell 桁架体系，以帮助这根洞口右下方折线压杆的传力。

从图 5.14（d）可以看出，当深梁承受跨中腹部的集中荷载时，由左侧绕过洞口左上方的折线压杆、顶部的弧形压杆和右侧的斜直压杆构成一个主受压结构，跨中腹部的集中荷载通过伞状拉杆悬吊在这个主受压结构上，而洞口右下方因还存在直接向左端底部固定铰支座直接传递部分压力的条件，故留有一条次要折线压杆。

从图 5.14（e）可以看出，当深梁承受跨中底部的集中荷载时，在洞口上下各形成了一道近似压拱的结构，集中荷载则通过伞状拉杆悬吊在这两道近似压拱结构上。

5.5.4　荷载作用位置的影响

Michell 准则通常被视为结构获取满应力状态的理论描述，其认为满应力解中两个主应变同号的点，可在其邻域内沿任意方向布置杆件；两个主应变异号的点处的杆件必须正交。由此，Michell 桁架解须满足所有相交的压杆和拉杆保持正交。跨高比为 2 的两端固定铰支深梁（未开设洞口）在跨中梁顶作用集中荷载的 Michell 桁架解见图 3.6（b），该梁在跨中腹部作用集中荷载的 Michell 桁架解如图 5.15 所示。

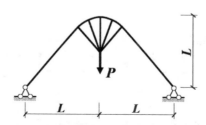

图 5.15　两端固定铰支深梁在跨中腹部作用集中荷载时的 Michell 桁架解

由据图 3.6（b）可知，集中荷载作用在梁顶时形成的 Michell 结构为三角桁架，即荷载以压力的形式从加载点向两端支座直接传递，因而图 5.9（a）~（c）的右侧均表现为这样的传力方式；而它们的左侧则因洞口的存在而无法直线传力，则完成相应的力学构造变换，以瓶形的组合压杆的形式来代替三角桁架中的直压杆。仔细观察图 5.9（a）~（c）的差别可以发现，图 5.9（b）左侧洞口上下的折线压杆基本关于洞口对称，故该侧的瓶形组合压杆也表现为轴对称的形态；图 5.9（c）左侧洞口右下方的折线压杆更接近直线，因而成为该侧的主压杆，故该侧的瓶形组合压杆也表现为偏向右下方的不对称形态；而图 5.9（a）不仅左侧洞口左上方的折线压杆更接近直线，成为该侧的主压杆，而且洞口右下方的折线压杆回折的角度较大，致使其向左端底部固定铰支座传递压力的能力极其有限，随之在洞口上方演化出一个水平梭形的类 Michell 桁架体系来跨越洞口，同时也保障两侧主压杆的传力角度。由此可见，图 5.9（a）~（c）均为从 Michell 结构变换而得的力学体系。

由图 5.15 可知，集中荷载作用在梁腹时形成的 Michell 结构为以两侧斜直压杆和顶部弧形压杆为主压杆，辅以加载点至该主压杆的伞状拉杆组成的桁架体系。显然，图 5.9（d）十分接近该 Michell 结构，仅左侧洞口右下方表现出局部与图 5.9（b）类似的折线压杆特征。而且，根据集中荷载作用点从跨中梁顶向跨中梁腹移动所引起的从图 3.6（b）向图 5.15 的变化，不难推断集中荷载作用在梁底时形成的 Michell 桁架解为主拱圈辅以加载点至该主拱圈的伞状拉杆组成的体系，并且图 5.9（e）正符合这样的 Michell 结构。

5.6　荷载集度的影响

5.6.1　算例概况

仍取上节的单侧开洞深梁算例，为了与图 5.4（d）所示的单点集中加载工况 II 进行对比，再增加 3 个荷载集度对比工况，分别为两点集中加载工况（每点集中荷载为 79.7kN）、三点集中加载工况（每点集中荷载为 51.6kN）与均布荷载工况（荷载为 106.4kN/m），荷载值的选取是出于各工况下跨中弯矩相等的原则，具体的尺寸及设计荷载如图 5.16 所示。其余设计和优化参数均与第 5.2.1 节相同。

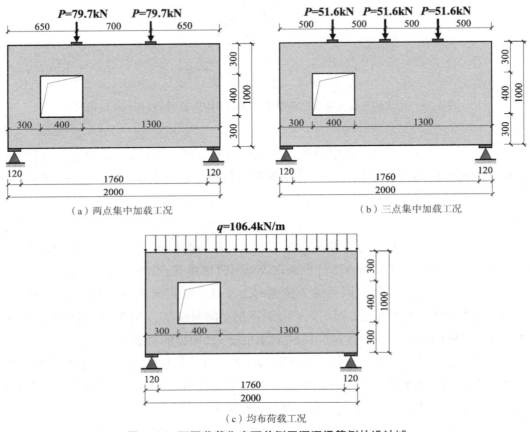

（a）两点集中加载工况   （b）三点集中加载工况

（c）均布荷载工况

图 5.16   不同荷载集度下单侧开洞深梁算例的设计域

5.6.2   拓扑解

图 5.17 所示为单侧开洞深梁算例在不同荷载集度工况下的拓扑解。比较图 5.5

（a）两点集中加载工况   （b）三点集中加载工况

图 5.17   不同荷载集度下单侧开洞深梁算例的拓扑解（一）

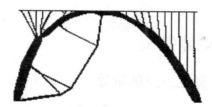

（c）均布荷载工况

图 5.17　不同荷载集度下单侧开洞深梁算例的拓扑解（二）

（d）和图 5.17 可以看出，随着梁顶荷载集度的降低，深梁内部传递荷载至两端支座的主受压结构从桁架结构向拱结构转化。当某侧的主压杆受到开洞影响时，则构造变换出瓶形压杆在该口两侧绕过该洞口，以保证该侧的压力传递。

5.6.3　荷载集度的影响

图 5.18 所示为依据图 5.17 的拓扑解建立的 STM。由图 3.6（b）中给出的梁顶单点集中加载工况下的 Michell 桁架解，再结合结点力的平衡关系可以推断，在主受压结构上，每一点集中力的汇入，在其作用处形成一个结点，即改变该处压杆的角度。因此，从图 5.14（b）到图 5.18 中，STM 从桁架结构向拱结构转化的原因就比较清楚了。

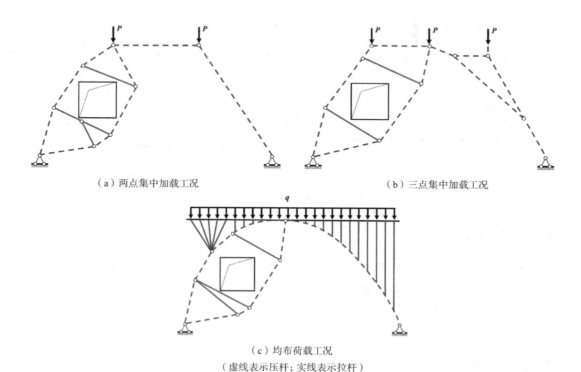

（a）两点集中加载工况　　　　　　　　　　　　（b）三点集中加载工况

（c）均布荷载工况

（虚线表示压杆；实线表示拉杆）

图 5.18　不同荷载集度下单侧开洞深梁算例的 STM

5.7　深梁配筋概念设计措施

5.7.1　不同支座条件下受拉主筋的设计

关于主要受拉的纵向钢筋，可以参考如下建议：

（1）当深梁支座未包含足够控制纵向变形的水平约束时，构件底部需设置通长的拉杆，如图 5.19（a）所示。从钢筋混凝土构件配筋设计的角度，该拉杆可以采取通长的纵筋或预应力筋的形式。

（2）当构件支座约束位于梁底时，从加载点到底部支座间斜直压杆或瓶形压杆（视开洞情况而定，如图 5.19a 所示）的设计是重点，这是构件压力传递的关键路径，可以一方面加配沿压杆的纵筋，以提高压杆的强度；另一方面设置压杆横截面上的箍筋，以控制压杆受压后的横向变形。

（3）当构件端部良好固支，即竖向全长有约束条件时，一方面构件上部应增设通长的钢筋拉杆，另一方面压杆设计时应注意调小构件上部的主压杆倾斜角 θ，支撑在结构两端的腰部，如图 5.19（b）所示。

（4）当构件端部良好固支且腹部需要开洞时，洞口以上的区域应成为设计重点，洞口以下的区域可仅按构造要求适量配置钢筋。

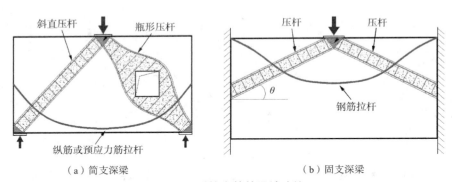

（a）简支深梁　　　　　　　　　　　　　　　（b）固支深梁

图 5.19　受拉主筋的设计建议

5.7.2　开洞设计

关于梁上开洞位置的选择以及洞口附近的补强设计，可以参考如下建议：

（1）洞口的设置部位宜回避开洞前直接传力的路径。

（2）当洞口不得不开设在开洞前的主要传力路径附近，如果小幅增大主压杆倾斜角 θ 即可绕过洞口时，可在构件跨中顶部通过配筋设置类过梁区连接主压杆的顶端，如图 5.20 所示，以保证压杆的直接传力。

（3）当洞口不得不开设在开洞前的主要传力路径上，使压力的传递必须从洞口两侧绕过洞口时，主要压杆的设计区域应扩大至构造变换后瓶形压杆的范围，见图 5.19（a）的右半部分。

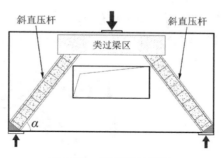

图 5.20　开洞设计建议

5.7.3　连续深梁设计

关于连续深梁设计，可以参考如下建议：

（1）每跨跨内的设计同单跨深梁。

（2）中支座上应增设梁顶钢筋拉杆以增强其两侧的协同工作能力，如图 5.21 所示；同时，该拉杆下应设置能传力至中支座的支撑压杆。

（3）连续深梁上需开洞时，同样宜规避开洞前直接传力的路径，应尽可能不要开设中支座两侧。

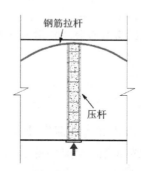

图 5.21　连续深梁中支座配筋设计建议

5.7.4　针对荷载工况特性的设计

针对不同集中力作用位置的设计，可以参考如下建议：

（1）当集中力加载点在洞口近端，即第 5.7.2 节第二点介绍的情形；当加载点离洞口有一定的距离，即第 5.7.1 节第二点和第 5.7.2 节第三点涉及的情形。以上均可参照相应章节的设计建议。

（2）当单点集中力作用在钢筋混凝土深梁腹部或底部时，应在作用点布置向上的伞状受拉钢筋，如图 5.22（a）所示。

（3）当单点集中力作用在钢筋混凝土深梁下腹或梁底，又或者均布力作用在钢筋混凝土深梁上时，特别是后者，应在梁体内设置一道甚至多道暗藏主拱圈来受压，如图 5.22（b）所示；当梁体上开设洞口影响了主拱圈直接传力时，受影响的拱圈部分可等代为组合压杆，形成拱 - 组合压杆的受压组合体系，如图 5.22（c）所示。

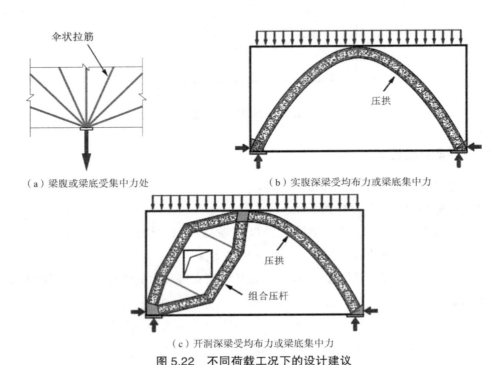

（a）梁腹或梁底受集中力处　　　　（b）实腹深梁受均布力或梁底集中力

（c）开洞深梁受均布力或梁底集中力

图 5.22　不同荷载工况下的设计建议

5.8　本章小结

（1）经拓扑优化得到的深梁拓扑解均近似为杆系结构，也都较为类同符合满应力分布的 Michell 型结构，都能较好地反映深梁内部的传力路径。

（2）提高支座的约束程度，可以增加结构内部的传力路径数量，并使每条路径上的力以更短、更直接的方式向支座传递。

（3）当梁上洞口设置对其传力路径造成局部干扰时，其对应的拓扑解也会据这种干扰程度发生不同变化。当干扰较小时，仅在小范围内增加杆件，以基本保持原有的传力方式；当洞口设置完全"切断"传力路径时，深梁的拓扑解发生构造变换，形成能绕过洞口的组合杆件，替代原直接传力的杆件。

（4）连续深梁在跨内的拓扑解与单跨深梁基本相同，在中支座附近的拓扑解包含支撑两侧的拉杆，能提高结构整体刚度；但在中支座两侧开设洞口，会对该拉杆产生不利影响。

（5）当集中荷载作用在梁顶时，拓扑解对应的 Michell 结构为三角桁架，即荷载以压力的形式从加载点向两端支座直接传递；当集中荷载作用在梁腹或梁底时，拓扑解对应的 Michell 结构分别为以两侧斜直压杆和顶部弧形压杆为主压杆或主拱圈，辅以加载点至该主压杆的伞状拉杆组成的桁架体系。

（6）随着荷载集度的下降，即荷载工况从单点集中力向多点集中力、再向均布力的转变，对应的拓扑解将从桁架结构向拱结构转化。

（7）针对不同位移边界和荷载工况下的钢筋混凝土深梁，可以根据相应条件下的拓扑解完成洞口布设，或参考这些拓扑解对构件上的受力特殊部位开展更精细化的配筋设计。

第6章 拟静力拓扑优化

6.1 概述

近些年来世界的地震频发，钢筋混凝土剪力墙作为高层结构中主要的抗侧力构件，是最重要的抗震防线之一。既有案例、试验及理论分析都表明，结构震害的大小与钢筋混凝土剪力墙等构件的耗能能力、延性有着举足轻重的关系[139]。剪力墙通常为二维构件，不满足平截面假定，应力场较为复杂[140]。严格意义上来说，它也算是一种复杂受力构件，我国现行规范[133, 141]及美国规范[134]均推荐了经验设计方法。

但是，如此设计出的构件多由剪切控制破坏，性质较脆。大量的试验研究和有限元仿真结果均表明，基于拓扑优化构建STM，再设计出的钢筋混凝土结构构件在承载能力[85, 99, 142]、耗能能力[143]、变形和裂缝开展能力[144-147]等方面性能良好，甚至可以改变传统设计下多发的破坏形态[148]，延性令人满意。然而，这些应用大多集中在钢筋混凝土深梁的辅助设计上，钢筋混凝土剪力墙在设计时通常需要考虑同时承受一定的竖向荷载和水平地震作用，这与钢筋混凝土深梁有着本质区别。于是，有学者将拓扑优化运用到剪力墙的构件选型和概念设计上，如Zakian[149]用ESO优化地震荷载下的钢筋混凝土剪力墙，得到了相应的拓扑解。为了得到更佳的耗能能力，Zhang等[146]、Jewett等[148]将结合了遗传算法的ESO应用到弹塑性应力设计并开展静力试验，证实其提升了钢筋混凝土剪力墙的变形性能，但优化设计时仅考虑了单一静力工况；张晓飞等[150]运用变密度法，开展了钢筋混凝土剪力墙拟静力优化及相应抗震设计，并通过有限元仿真证明了如此设计构件的抗震性能良好，但其优化是基于结构弹性应力分析进行的，与中震和强震作用下混凝土结构将表现出材料非线性的特性明显不符。

考虑钢筋混凝土的材料非线性特性以开展钢筋混凝土剪力墙拟静力拓扑优化，对于合理化钢筋混凝土剪力墙的抗震设计方法，提升钢筋混凝土剪力墙的抗震延性和耗能性能，是一种开创性的尝试，有着较大的科学意义和工程价值。因此，运用文献[138]推荐的ESO算法，本章基于材料非线性分析开展反复荷载作用下钢筋混凝土剪力墙的拓扑优化。

6.2 拟静力拓扑优化算法

6.2.1 优化模型与应变能计算

以相同重量下拥有最大耗能能力为结构优化的目标。在施加反复荷载时，刚度退化越慢，最终极限承载力和极限塑性位移对应的荷载值就越大，结构在整个加载至破坏的过程中耗能也越多。因此，优化目标可转换为结构在相同反复荷载作用下的累计塑性位移的最小化，等价于目标函数为相应的结构累计塑性应变能增量 ΔE_p 的最小化：

$$\text{最小化：} \Delta E_\mathrm{p} = \sum_{\alpha=1}^{N} \left(E_\mathrm{p}^{\alpha} - E_\mathrm{p0}^{\alpha} \right) = \sum_{\alpha=1}^{N} \left(\sum_{i=1}^{n} x_i E_{\mathrm{p},i}^{\alpha} - \sum_{j=1}^{n_0} x_j E_{\mathrm{p0},j}^{\alpha} \right)$$

$$\text{服从：} \begin{cases} F = P_\mathrm{d} \\ V \leqslant V^* \\ \sigma \leqslant [\sigma] \end{cases} \tag{6.1}$$

式中，E_p^{α} 和 E_p0^{α} 分别为当前拓扑结构和初始拓扑结构在第 α 次加载的塑性应变能；N 为施加的反复荷载包含的单向加载总次数；$E_{\mathrm{p},i}^{\alpha}$ 和 $E_{\mathrm{p0},i}^{\alpha}$ 分别为第 α 次加载的当前拓扑结构中和初始拓扑结构中单元 i 的塑性应变能；x_i 和 x_j 为设计变量，可取 0 或 1，其中分别代表单元处于已被删除和存留状态；n 和 n_0 分别为当前拓扑结构和初始拓扑结构中的单元总数；P_d 表示反复荷载的设计工况；V 和 V^* 分别为当前的结构总体积以及预先设定的结构总体积约束条件；σ 和 $[\sigma]$ 分别为任意单元的应力以及单元的许用应力。

所以，优化灵敏度 α_k 即为删除任意单元 k 后引起的结构在反复荷载作用下累计塑性应变能变化量 $\Delta E_{\mathrm{p,k}}$，即：

$$\alpha_\mathrm{k} = \Delta E_{\mathrm{p,k}} = \sum_{\alpha=1}^{N} \Delta E_{\mathrm{p,k}}^{\alpha} \tag{6.2}$$

式中，$E_{\mathrm{p,k}}^{\alpha}$ 为删除任意单元 k 后，引起结构在第 α 次加载中塑性应变能的变化量。

在第 α 次加载的结构分析中，若单元 i 比单元 j 在荷载传递中的贡献度更高，则通常有：

$$E_{\mathrm{p},i}^{\alpha} \geqslant E_{\mathrm{p},j}^{\alpha} \tag{6.3}$$

在优化中删除单元，将会依据其删除前在构建传力路径中的参与度，重构出相应的等代传力路径。以作为传力路径的杆系结构表达的 STM 为例，当深梁上需要开洞时，洞口位置与未开洞时最短传力路径的相对关系，对最终等代传力路径的形态以及相应的 STM 的总应变能起着决定性的作用。如图 6.1 所示的 3 根开洞深梁，图 6.1（a）所示的开洞深梁 I 的洞口几乎以未开洞时的最短传力路径为平分线；而图 6.1（b）所示的开洞深梁 II 和图 6.1（c）所示的开洞深梁 III，则在开洞深梁 I 洞口位置的基础上，洞口分别向右水平偏移 50mm 和 100mm。也就是说，开洞对未开洞时最短传力路径的影响程度从开洞深梁 I 到 II、再到 III，依次降低。开洞后，3 根深梁在洞口侧都形成了从洞口上方和下方分别绕过洞口的等代传力路径ⓐ和ⓑ，经计算，有：

$$E_\mathrm{I}^\mathrm{L} > E_\mathrm{II}^\mathrm{L} > E_\mathrm{III}^\mathrm{L} \tag{6.4}$$

式中，E_I^L、E_II^L、$E_\mathrm{III}^\mathrm{L}$ 分别表示图 6.1（a）~（c）所示开洞深梁 I、II 和 III 在单位荷载 $P=1$ 作用下，左半部分梁体中构建的 STM 的总应变能。因此，删除单元 i 比删除单元 j 分别引起的结构在第 α 次加载中塑性应变能增量 $\Delta E_{\mathrm{p},i}^\alpha$ 和 $\Delta E_{\mathrm{p},j}^\alpha$ 应能满足：

$$\Delta E_{\mathrm{p},i}^\alpha \geqslant \Delta E_{\mathrm{p},j}^\alpha \tag{6.5}$$

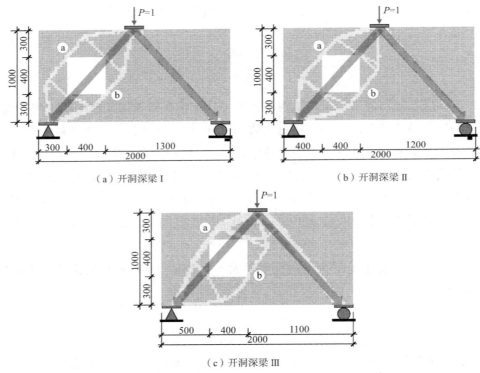

（a）开洞深梁 I   （b）开洞深梁 II

（c）开洞深梁 III

图 6.1　不同洞口位置深梁的 STM

由此可知，删除任意单元 k 后，引起的 $\Delta E_{\mathrm{p},k}^\alpha$ 与删除前其 $E_{\mathrm{p},k}^\alpha$ 具有相同的增减特性；同理，删除任意单元 k 后，引起的 $\sum_{\alpha=1}^{N} \Delta E_{\mathrm{p},k}^\alpha$ 与删除前其 $\sum_{\alpha=1}^{N} E_{\mathrm{p},k}^\alpha$ 也应当具有相同的增减特性。从而，可以根据式（6.2）建立优化灵敏度的等效指标 α_k'：

$$\alpha_\mathrm{k}' = \sum_{\alpha=1}^{N} E_{\mathrm{p,k}}^\alpha \tag{6.6}$$

6.2.2 优化灵敏度构建与过滤

对于反复荷载作用，每一次加载时引起结构中的塑性应变能，在卸载时不能进行清除。为了忽略加载方向先后带来的影响，同时提高分析效率，对于对称结构，先从任一侧对剪力墙施加水平荷载，再利用一次单向加载的结果构建出一回合反复加载的近似结果，即对 E_k^1 进行对称化赋值，如图 6.2 所示。然后，再从对侧施加反向的水平荷载，同法对 E_k^2 进行对称化赋值。依此类推，就得到了 N_1 回合中每一回合反复加载的近似结果。

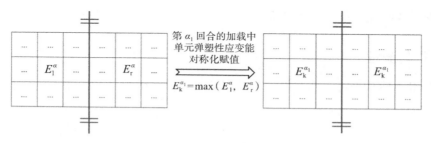

图 6.2 单元的应变能对称化赋值

为进一步区分单元的弹塑性状态，引入应力比，按下式计算第 α_1 回合加载时单元 k 的应力比 $\rho_k^{\alpha_1}$：

$$\rho_k^{\alpha_1} = \frac{\sigma_k^{\alpha_1}}{\sigma_y} \tag{6.7}$$

式中，$\sigma_k^{\alpha_1}$ 为第 α_1 回合加载时单元 k 的应力，σ_y 为该单元的屈服应力。某单元的应力比小于 1，表明其处于弹性阶段；否则，表明其已进入弹塑性阶段。基于应力比，定义优化灵敏度的简化指标 α_k''：

$$\alpha_k'' = \begin{cases} \max\left(E_k^1, \cdots, E_k^{\alpha_1}, \cdots, E_k^{N_1}\right), & \text{当} \max\left(\rho_k^1, \cdots \rho_k^{\alpha_1}, \cdots, \rho_k^{N_1}\right) < 1 \text{ 时} \\ \sum_{\alpha_1=1}^{N_1} y_{\alpha_1} E_k^{\alpha_1}, & \text{当} \max\left(\rho_k^1, \cdots, \rho_k^{\alpha_1}, \cdots, \rho_k^{N_1}\right) \geqslant 1 \text{ 时} \end{cases} \tag{6.8}$$

$$y_{\alpha_1} = \begin{cases} 1, & \text{当} \rho_k^{\alpha_1} \geqslant 1 \text{ 时} \\ 0, & \text{当} \rho_k^{\alpha_1} < 1 \text{ 时} \end{cases} \tag{6.9}$$

为了避免数值不稳定造成的棋盘格现象等问题，开展灵敏度过滤，得到单元 k 的过滤后的优化灵敏度指标 α_k'''：

$$\alpha_{k}^{m} = \frac{\sum_{m_1=1}^{M} \left[w\left(r_{k,m_1}\right) \alpha_{k,m_1}'' \right]}{\sum_{m_1=1}^{M} w\left(r_{k,m_1}\right)} \tag{6.10}$$

$$w\left(r_{k,m_1}\right) = r_{min} - r_{k,m_1} \tag{6.11}$$

式中，r_{min} 为灵敏度过滤半径，一般建议取值为 2；M 为单元 k 周边过滤半径范围内单元的数目；α_{k,m_1}''、$w\left(r_{k,m_1}\right)$ 和 r_{k,m_1} 分别表示其中第 m_1 个单元的优化灵敏度简化指标、权重因子及其到单元 i 的距离。

在得到了过滤后的优化灵敏度指标后，依据这个指标对单元进行排序，再根据当代删除率的要求完成单元删除等优化操作。

6.2.3 优化流程

本章将这种基于材料非线性分析的拟静力拓扑优化编号为优化 I，优化流程图如图 6.3 所示。

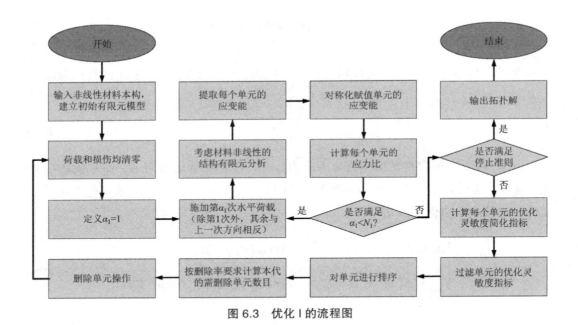

图 6.3 优化 I 的流程图

6.3 数值算例

借助 ANSYS 平台的 APDL 模块语言二次开发功能，自主撰写算法程序，以实现优化。

6.3.1　构件概况

某钢筋混凝土剪力墙如图 6.4 所示，墙身高度 H 为 2000mm，横截面尺寸为 1000mm×125mm，该构件编号为 SW-2-0，编号中第 1 个数字代表墙体高宽比，第 2 个数字代表墙体承受的轴压比，书中之后的编号都是如此。混凝土强度等级为 C30，轴心抗压强度取 f_c=20.1N/mm²，轴心抗拉强度取 f_t=2.01N/mm²；钢筋强度等级为 HRB335，屈服强度取 f_y=335MPa。此外，为了方便加载以及防止局部破坏，上下设置了顶梁、地梁，尺寸分别为 400mm×400mm×1400mm 和 550mm×550mm×1400mm，约束地梁底部所有自由度，于顶梁施加荷载。

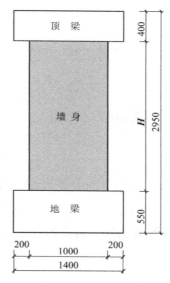

图 6.4　钢筋混凝土剪力墙算例的设计域

6.3.2　有限元分析的相关参数

在考虑材料非线性的有限元分析中，混凝土选用 solid65 带筋八节点实体单元，输入的单轴本构曲线采用 MISO 多线性等向强化模型，如图 6.5（a）所示，通过内置 Willam–Warnke 五参数准则[151] 对混凝土的损伤积累和刚度退化等多轴应力状态下的材料行为进行模拟。钢筋弥散布置在混凝土单元之中，输入的本构曲线采用 BISO 双线性随动强化模型，如图 6.5（b）所示，通过内置的 Mises 屈服准则对钢筋的材料行为进行模拟，屈服段切线模量设定为初始弹性模量的 1/1000。采用这样简化的材料模拟，一方面是由于这种考虑了材料非线性的结构分析已然远远比线弹性的结构分析更加契合钢筋混凝土的实际受力材料特性，并且简化后的分析精度尚能保持在工程中可接受的水平；另一方面，优化过程中要重复上百次的迭代，也就意味着要进行同样多次数的结构有限元分析。计算的收敛性和效率也是十分关键的问题，过于复杂的材料本构及相关准则可能会使优化失去可行性。

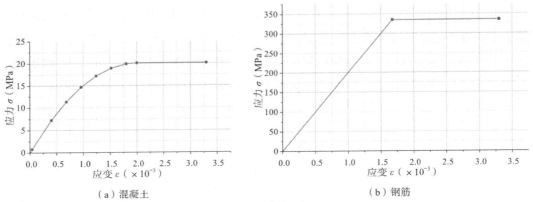

（a）混凝土 （b）钢筋

图 6.5 优化中输入的应力 – 应变曲线

墙体横向、竖向单元的配筋率均设定为 2%，单元尺寸为 50mm × 50mm × 62.5mm，顶梁、地梁单元纵横向配筋率均设为 10%，以防止它们先于墙体发生破坏。

6.3.3 优化拓扑

在工程拓扑优化中，为权衡优化精度和优化效率，每代单元删除率宜控制为当代活单元总数的 0.5% ~ 1.5%[153]。因此，本节算例中的优化均选用活单元总数 1.0% 作为删除率。将以上剪力墙的算例施加三个回合的反复荷载，拓扑优化过程与结果如图 6.6 所示。

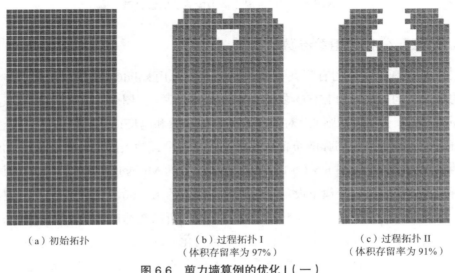

（a）初始拓扑 （b）过程拓扑 I （c）过程拓扑 II
（体积存留率为 97%） （体积存留率为 91%）

图 6.6 剪力墙算例的优化 I（一）

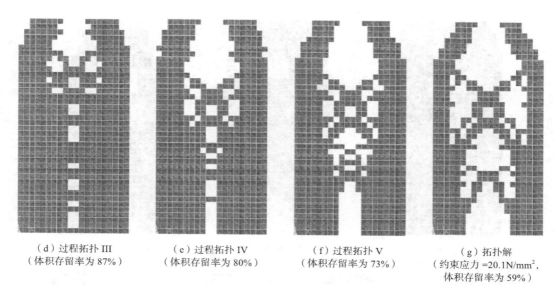

（d）过程拓扑 III
（体积存留率为 87%）

（e）过程拓扑 IV
（体积存留率为 80%）

（f）过程拓扑 V
（体积存留率为 73%）

（g）拓扑解
（约束应力 =20.1N/mm²，
体积存留率为 59%）

图 6.6　剪力墙算例的优化 I（二）

　　出于对比，还基于结构柔顺度的单元应变能灵敏度，直接完成一回合反复加载状态下以结构刚度最大化为目标的优化。结构达到体积约束条件的下限时，优化终止，得到拓扑解。本章将这种反复荷载作用下基于线弹性分析的优化命名为优化 II，优化流程图如图 6.7 所示。在线弹性分析中，把钢筋混凝土视为一种可受拉也可受压的复合材料，通过 plane82 单元进行模拟，单元尺寸为 50mm×50mm，弹性模量为 28000N/mm²，泊松比为 0.2。将以上剪力墙的算例按优化 II 的方式完成优化，初始拓扑同样均如图 6.6（a）所示，其余过程拓扑与结果如图 6.8 所示。

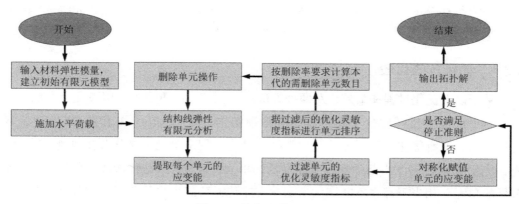

图 6.7　优化 II 的流程图

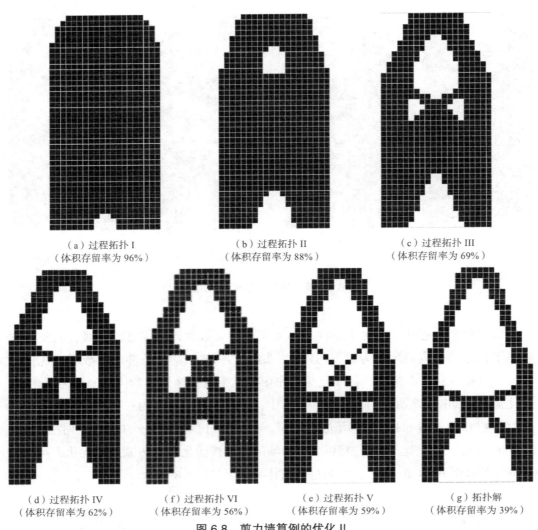

（a）过程拓扑 I
（体积存留率为 96%）

（b）过程拓扑 II
（体积存留率为 88%）

（c）过程拓扑 III
（体积存留率为 69%）

（d）过程拓扑 IV
（体积存留率为 62%）

（f）过程拓扑 VI
（体积存留率为 56%）

（e）过程拓扑 V
（体积存留率为 59%）

（g）拓扑解
（体积存留率为 39%）

图 6.8　剪力墙算例的优化 II

6.3.4　优化方法比较

基于以上优化过程和结果，对两种方法展开比较，应重要关注以下几个方面：

（1）形成主要杆件分布在两侧的类杆系结构。从图 6.6（g）和图 6.8（g）、（b）可以看出，所有优化都已明显演化出类杆系结构，剩余单元主要分布在两侧区域。首先，优化 II 迭代淘汰当前弹性应变能最低的单元，而优化 I 迭代淘汰当前塑性应变能最低的单元，相当于都在不断淘汰参与向支座传递荷载最少的单元，在数代演化后得以保留的即为核心传力路径上的单元以及维系结构稳定的必要拉杆，由于力流沿最短路径传递的特性，所以这些拓扑解自然就表现为类杆系结构；其次，不管采用哪种优化，两侧区域都是主受压区域和主受拉区域，且随着荷载的往复而交替转变，自然这两个区域的应力与应变能均较大，成为剩余单元的主要分布区域。

（2）不同优化方法下拓扑中杆件的清晰度。比较图 6.6（g）和图 6.8（g）不难看出，较之优化 II，优化 I 所得到的类杆系结构拓扑图形杆件数目较多，但杆件分化的清晰程度略低。造成这一差异的原因：一方面，优化 I 以应力作为约束条件，体积剩余率更高，本章算例中如图 6.6（g）所示的拓扑解的体积剩余率为 59%，而优化 II 一直进行至约束体积率为 39%，得到如图 6.8（g）所示的拓扑解，自然后者的杆件会更清晰；算例在优化 II 中对应体积剩余率为 59% 的过程拓扑如图 6.8（e）所示，再将其与图 6.6（g）所示的拓扑相比，杆件清晰度就接近得多了；另一方面，在考虑了材料非线性的结构分析中，特别是有混凝土单元进入到受拉开裂退出工作和受压塑性应力发展的阶段，删除单元后引起的应力重分布可能波及其周边较大范围内的单元，而在结构线弹性分析中则完全不会发生这样的现象。所以，相比之下，优化 I 所得拓扑中杆件清晰度也会低一些。

（3）不同优化方法下的形态差异。优化 II 得到的拓扑图形，如图 6.8（g）所示，两侧主要杆件，仅底部 50% 左右墙高范围内分布在最外边缘，上部 50% 左右墙高范围内杆件向中部倾斜靠拢。这是因为它以同体积剩余率下刚度最大化为优化目标，对于算例中的构件来说，墙体下半部分受较大的弯矩和剪力的共同作用，因而在拓扑解中形成两侧分布主要受压（拉）杆件，墙肢腹部交叉支撑的形式；墙体上半部分，弯矩相对较小，而剪力水平较高，自然就在拓扑解中形成了主要杆件在墙肢腹部互相支撑的形式。该问题下的 Michell 型桁架结构解[129] 如图 6.9（a）所示，拉杆与压杆总是保持相互正交，理论上为同体积下刚度最大的结构；将图 6.5（c）的拓扑进行杆系化拟合，如图 6.9（b）所示。显然，该结果基本符合 Michell 型桁架结构解的几何特征。而优化 I 则不尽相同了，其得到的拓扑图形如图 6.6（g）所示，两侧主要杆件从底部起一直沿最外边缘伸至 80% 以上墙高，上部向中部倾斜靠拢的杆件分布仅不到墙高的 20%。这是由于它以同体积剩余率下耗能能力最大化为优化目标。对于算例中的构件来说，首先，两侧单元处于在高应力状态下拉压交替的状态，它们的塑性形变过程为结构耗能做出主要贡献，自然更多地被保留至拓扑解中；其次，其拓扑解形成了明显的两级耗能体系，为了更清楚地描述，对该拓扑进行区域划分，如图 6.9（c）所示，墙体下半部分作为结构的第一级耗能部位，有更多的单元集中分布在两侧的主要杆件中，即是构件塑性形变的主要发生部位；而墙体上半部分作为结构的第二级耗能部位，单元相对占比更大地分布在了墙肢腹部，控制构件顶部的弹性形变；但是，第二级耗能部位相对于优化 II 所得拓扑解的相同部位来说，单元分布还是更倾向于两侧，自然是出于对耗能能力目标的保证。该两级耗能体系的结构示意简图如图 6.9（d）所示。

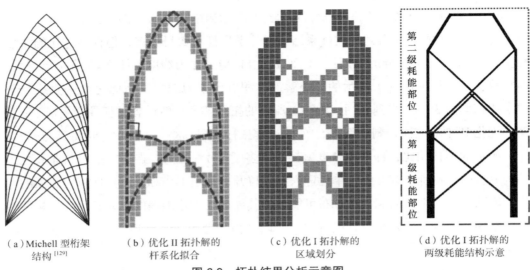

（a）Michell 型桁架　　（b）优化 II 拓扑解的　　（c）优化 I 拓扑解的　　（d）优化 I 拓扑解的
结构 [129]　　　　　杆系化拟合　　　　　区域划分　　　　　两级耗能结构示意

图 6.9　拓扑结果分析示意图

（4）不同优化方法的效率。本章中，所有优化实现时所采用计算机硬件为 Intel Core i9-9900K 核心处理器、芝奇 DDR4 2133MHz 16GB×2 内存、NVIDIA GeForce GTX1650 显卡。基于以上相同的条件，算例完成优化，得到体积剩余率为 59% 的拓扑所需耗时，优化 II 仅为 21min，而优化 I 高达 138min。可见，在本章的算例和所基于的计算机软硬件条件下，基于材料非线性分析完成优化的耗时达到基于线弹性分析完成优化的 7 倍。造成这一差异，一方面因为基于线弹性分析的优化每代仅需完成一次单向荷载的施加与结构求解，而基于材料非线性分析的优化每代需要连续完成三回合的反复荷载施加与结构求解，从计算量来看，后者远大于前者；另一方面，开展非线性结构分析需要考虑材料的开裂、屈服、损伤积累等，计算至收敛的耗时也更多。

6.4　不同抗震设计方法下的仿真分析构件对比

6.4.1　配筋设计

根据第 5.5.3 节的方法，据拓扑解构建出 STM 后，分别完成其在 P_1 和 P_2 单独作用下的力学计算，再取包络的轴力结果，如图 6.10 所示。根据图 6.10（b）的结果完成初步配筋设计后，考虑实际施工的操作性，对钢筋角度进行了小幅调整，得到如图 6.11（a）所示的配筋图，将该墙体编号为 SW1；再在此基础上，按我国现行规范 [133] 的构造要求增设了分布钢筋，得到如图 6.11（b）所示的配筋图，将该墙体编号为 SW2；文献 [152] 中给出了该墙体按经验方法的相应设计，本章将其编号为 SW3，配筋图如

图 6.11（c）所示。3 个构件的钢筋用量如表 6.1 所示。从表中可以看出，墙 SW2 比墙 SW3 仅增加了约 3.2% 的用钢量，而墙 SW1 比墙 SW3 节省了用钢量近 11.2%。

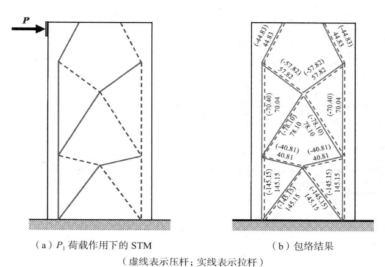

（a）P_1 荷载作用下的 STM

（b）包络结果

（虚线表示压杆；实线表示拉杆）

图 6.10　STM 的建立与求解

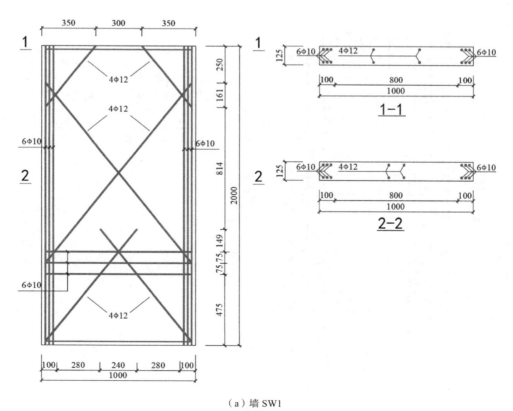

（a）墙 SW1

图 6.11　配筋设计（一）

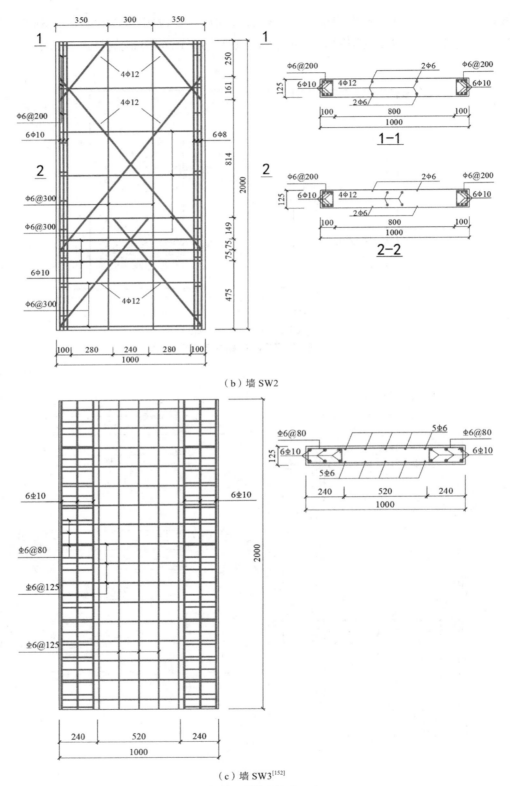

（b）墙 SW2

（c）墙 SW3[152]

图 6.11　配筋设计（二）

钢筋用量对比　　　　　　　　　　　　　　表 6.1

剪力墙	钢筋直径（mm）	钢筋质量（kg）	总计质量（kg）
SW1	10	18.33	29.02
	12	10.69	
SW2	6	4.73	33.75
	10	18.33	
	12	10.69	
SW3	6	17.88	32.69
	10	14.81	

6.4.2　有限元模型与加载方案

由于对反复荷载作用下的混凝土结构，ABAQUS 平台有着比 ANSYS 平台更便捷的仿真，因此本节利用 ABAQUS 平台相应的仿真对比研究。

选用 C3D8R 三维 8 节点实体单元采取塑性损伤模型模拟 C30 混凝土，单元边长为 60mm，采用我国现行规范[133] 推荐的本构关系，如图 6.12（a）、（b）所示。选用

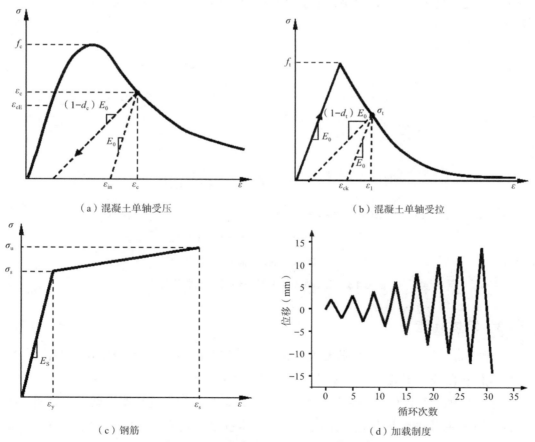

（a）混凝土单轴受压　　　　　　　　　　（b）混凝土单轴受拉

（c）钢筋　　　　　　　　　　　　　　（d）加载制度

图 6.12　仿真中的材料本构与加载制度

T3D2 三维 2 节点桁架单元采用双折线随动强化模型模拟钢筋，单元长度为 60mm，应力 - 应变曲线如图 6.12（c）所示。其中，σ_s 为屈服强度，σ_u 为极限强度，HRB335 屈服强度取 335MPa，极限强度取 455MPa；HPB300 屈服强度取 300MPa，极限强度取 420MPa，钢筋强化段弹性模量为 αE_s，其中 α 取 0.001。通过对结构施加水平递增位移的方式进行往复加载。在本书下文的仿真中，除了有限元模型验证时采用文献 [152] 中的加载制度，之后不同配筋设计的钢筋混凝土剪力墙性能仿真对比中重新拟定了统一的加载制度，如图 6.12（d）所示。

为了验证有限元模型的准确性，按文献 [152] 中的加载制度，将墙 SW3 在仿真中和在文献 [152] 试验中分别得到的结果进行对比，骨架曲线如图 6.13 所示。从图中可以看出，与试件相比，仿真得到的骨架曲线前期斜率较大，表明其前期刚度较大，这可能与有限元中材料的连续、均匀、无缺陷和各向同性等假定有关，与混凝土的实际状态有一定差别。而且，试验中支座可能发生位移，也会带来构件实测刚度低于实际值的误差；当构件进入弹塑性阶段后，两者的骨架曲线走势大致相同；最终试件、仿真构件的极限承载力分别为 188.84kN、200.50kN，差异仅为 6.2%。所以，总体来说，本章采用的有限元模型精度应处于可接受的水平，基于该模型的仿真分析可信度应当是较高的。

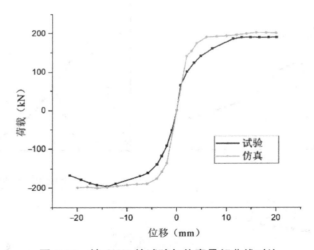

图 6.13　墙 SW3 的试验与仿真骨架曲线对比

6.4.3　墙体耗能

按图 6.12（d）所示的加载制度，仿真得到滞回曲线、骨架曲线和单周耗能 - 墙顶中点位移曲线如图 6.14 所示。从图中可以看出：

第一，加载至墙体屈服后，3 片剪力墙滞回环的面积均逐步明显增大，表明耗能增加，骨架曲线的特征相近，刚度衰减至一定程度后均逐渐平缓；较之墙 SW3，墙 SW1 和墙 SW2 因后期峰值承载力缓慢增加，因而滞回曲线包围面积更大，表明它们有着更强的耗能能力和更佳的延性。

第二，墙 SW2 的极限承载力达到 176.7kN，而与其用钢量相近的墙 SW3 极限承载力仅 138.4kN，表明优化设计可以提高墙体的承载能力。

第三，超出弹性阶段后，3 片剪力墙的单周耗能 - 墙顶中点位移曲线均上升加快，这是因为墙体产生裂缝后，钢筋有效代替开裂混凝土承受拉力，材料利用率提高，使结构表现出较好的耗能能力；在进入屈服阶段后，墙 SW3 的单周耗能 - 墙顶中点位移曲线一直处于墙 SW1 和墙 SW2 之下，表明优化设计的钢筋混凝土剪力墙耗能能力更强。

第四，墙 SW1 与墙 SW2 的三种曲线都较为接近，表明优化设计中分布钢筋的增设对于墙体耗能能力的影响有限。

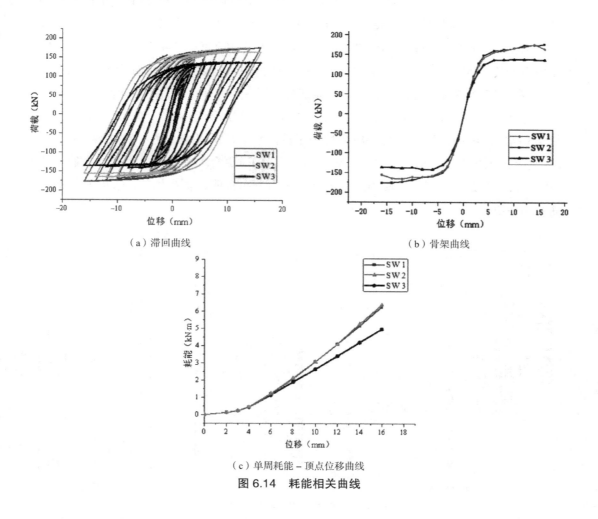

（a）滞回曲线　　　　　　　　　　　（b）骨架曲线

（c）单周耗能 – 顶点位移曲线

图 6.14　耗能相关曲线

各加载阶段的等效黏滞阻尼系数如表 6.2 所示。从表 6.2 可以看出，首先，3 片墙的等效黏滞阻尼系数变化规律基本相同，随着荷载增加而稳步递增，表明耗能的增加；其次，加载至后期，墙 SW1 的等效黏滞阻尼系数相比之下显著大于其他墙体，表明其在耗能能力上的优势。

等效黏滞阻尼系数对比　　　　　　　　　　　表 6.2

加载位移（mm）	2	3	4	6	8	10	12	14	16
SW1	0.103	0.097	0.125	0.209	0.264	0.298	0.324	0.351	0.396
SW2	0.105	0.091	0.119	0.202	0.256	0.292	0.312	0.334	0.353
SW3	0.115	0.107	0.132	0.218	0.272	0.306	0.328	0.348	0.362

6.4.4　钢筋应力

最终的钢筋 Mises 应力如图 6.15 所示。从图中可以看出，除水平分布钢筋和墙 SW3 的箍筋外，3 片墙的其余钢筋在墙底的部位均已达到屈服强度，所以 3 片墙都表现出良好的耗能能力；但相比之下，墙 SW1 和墙 SW2 底部 1/4 ~ 1/3 高度范围内的受力钢筋均已屈服，即墙体底部 1/4 ~ 1/3 高度范围形成塑性铰区，而墙 SW3 仅底部 1/6 左右高度范围内的受力钢筋屈服，即其塑性铰区仅在 1/6 左右的墙体高度范围内，由此也间接验证了墙 SW1 和墙 SW2 在耗能能力上要强于墙 SW3。此外，墙 SW3 上部 2/3 高度范围内的钢筋，大多应力均处于较低水平，所以墙 SW1 和墙 SW2 在上部 2/3 高度范围内配筋率远远低于墙 SW3，是一个相对更合理的设计。因此，也使得墙 SW1 和墙 SW2 的钢筋整体应力水平更高，应力分布也明显更为均匀，表明它们的钢筋利用率更高。

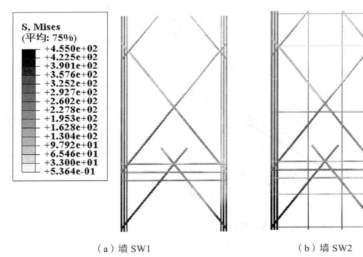
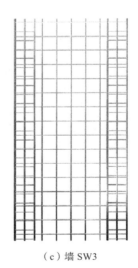

S, Mises
（平均：75%）
+4.550e+02
+4.225e+02
+3.901e+02
+3.576e+02
+3.252e+02
+2.927e+02
+2.602e+02
+2.278e+02
+1.953e+02
+1.628e+02
+1.304e+02
+9.792e+01
+6.546e+01
+3.300e+01
+5.364e-01

（a）墙 SW1　　　　　　　　　（b）墙 SW2　　　　　　　　　（c）墙 SW3

图 6.15　钢筋应力（单位：MPa）

6.5 高宽比和轴压比对拓扑解的影响

影响剪力墙抗震性能的因素，包括高宽比、轴压比、配筋率等。

6.5.1 高宽比的影响

按与 SW-2-1 横截面尺寸、材料强度、约束条件、荷载工况等设计参数均完全相同，仅墙体高度不同，即在图 6.4 中分别取 H 为 1000mm、1500mm、2500mm，构建高宽比为 1.0、1.5、2.5 的钢筋混凝土剪力墙作为优化对比算例。按照第 6.3.1 节的命名方法，这 3 片剪力墙编号分别为 SW-1-0、SW-1.5-0 和 SW-2.5-0。对这 3 片剪力墙均完成优化 I，拓扑优化过程与结果如图 6.16 ~图 6.18 所示。对拓扑解同样进行简单的区域划分，结果如图 6.19 所示。

从图 6.9（c）和图 6.19 可以看出，对于不同高宽比钢筋混凝土剪力墙的拓扑解，首先，它们的构型较为接近，均由两侧主要竖向杆件和墙肢腹部交叉支撑组成，并且前者包含的单元总数量为后者的 3 ~ 4 倍；其次，随着高宽比的增加，墙体受剪水平保持不变，受弯程度逐渐加大，由 SW-1-0 和 SW-1.5-0 的一级耗能体系，转变为 SW-2-0 和 SW-2.5-0 的两级耗能体系，如 SW-2.5-0 的拓扑解（图 6.19c），表现出与如图 6.9（c）所示 SW-2-0 的拓扑十分接近的几何特征。此外，这种转变与高宽比较大的墙体延性更佳的一般认识也是一致的。

（a）初始拓扑

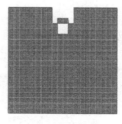

（b）过程拓扑 I
（体积存留率为 97%）

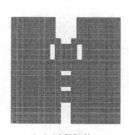

（c）过程拓扑 II
（体积存留率为 91%）

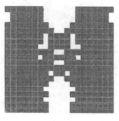

（d）过程拓扑 III
（体积存留率为 82%）

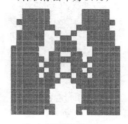

（e）过程拓扑 IV
（体积存留率为 71%）

（f）拓扑解
（约束应力 =20.1N/mm²，
体积存留率为 67%）

图 6.16　SW-1-0 的优化 I

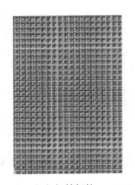

（a）初始拓扑

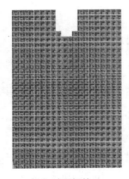

（b）过程拓扑 I
（体积存留率为97%）

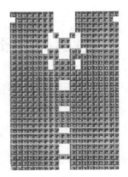

（c）过程拓扑 II
（体积存留率为91%）

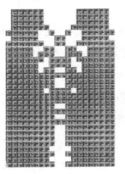

（d）过程拓扑 III
（体积存留率为84%）

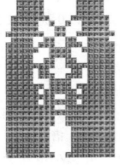

（e）过程拓扑 IV
（体积存留率为77%）

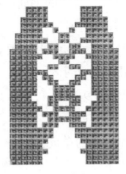

（f）拓扑解
（约束应力 =20.1N/mm²，
体积存留率为65%）

图 6.17　SW–1.5–0 的优化 I

（a）初始拓扑

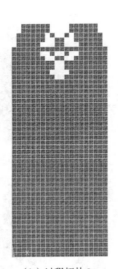

（b）过程拓扑 I
（体积存留率为94%）

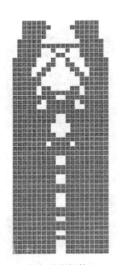

（c）过程拓扑 II
（体积存留率为83%）

图 6.18　SW–2.5–0 的优化 I（一）

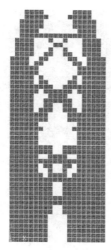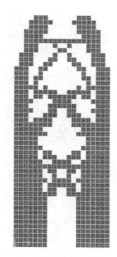

（d）过程拓扑 III
（体积存留率为 67%）　　　（e）过程拓扑 IV
（体积存留率为 64%）　　　（f）拓扑解
（约束应力 =20.1N/mm²，
体积存留率为 51%）

图 6.18　SW–2.5–0 的优化 I（二）

（a）SW-1-0　　　　　　（b）SW-1.5-0　　　　　　（c）SW-2.5-0

图 6.19　不同高宽比钢筋混凝土剪力墙在反复荷载作用下的拓扑解

6.5.2　轴压比的影响

　　按照 SW-1.5-0 的几何尺寸、材料强度、约束条件等设计参数均完全相同，仅轴压比不同，分别设计轴压比为 0.1、0.2 和 0.3 的钢筋混凝土剪力墙作为优化对比算例，按第 6.3.1 节的命名方法，这 3 片剪力墙编号分别为 SW-1.5-0.1、SW-1.5-0.2 和 SW-1.5-0.3。其中，轴向压力在反复荷载施加前施加并保持恒定。同样，对这 3 片剪力墙均完成优化 I，拓扑优化过程与结果如图 6.20 ~ 图 6.22 所示。对拓扑解同样进行简单的区域划分，结果如图 6.23 所示。

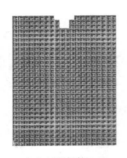
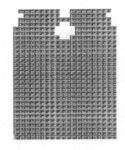
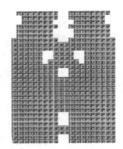

（a）过程拓扑 I
（体积存留率为99%）

（b）过程拓扑 II
（体积存留率为96%）

（c）过程拓扑 III
（体积存留率为90%）

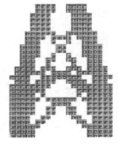

（d）过程拓扑 IV
（体积存留率为75%）

（e）过程拓扑 V
（体积存留率为69%）

（f）拓扑解
（约束应力 = 20.1N/mm²，
体积存留率为54%）

图 6.20　SW-1.5-0.1 的优化 I

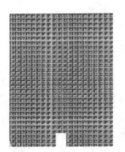
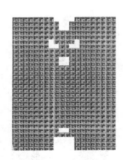
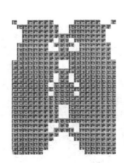

（a）过程拓扑 I
（体积存留率为99%）

（b）过程拓扑 II
（体积存留率为95%）

（c）过程拓扑 III
（体积存留率为85%）

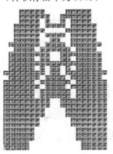
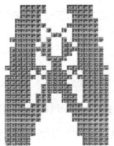
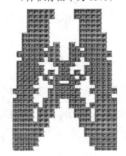

（d）过程拓扑 IV
（体积存留率为70%）

（e）过程拓扑 V
（体积存留率为64%）

（f）拓扑解
（约束应力 =20.1N/mm²，
体积存留率为59%）

图 6.21　SW-1.5-0.2 的优化 I

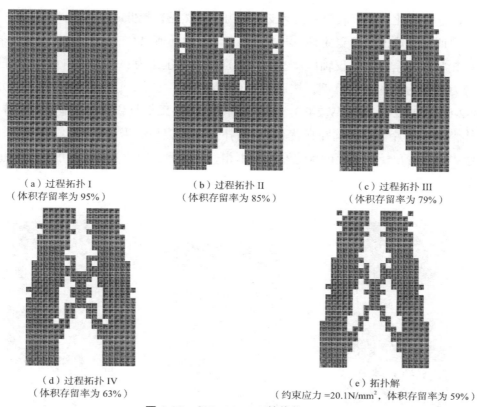

（a）过程拓扑 I
（体积存留率为 95%）

（b）过程拓扑 II
（体积存留率为 85%）

（c）过程拓扑 III
（体积存留率为 79%）

（d）过程拓扑 IV
（体积存留率为 63%）

（e）拓扑解
（约束应力 =20.1N/mm²，体积存留率为 59%）

图 6.22　SW-1.5-0.3 的优化 I

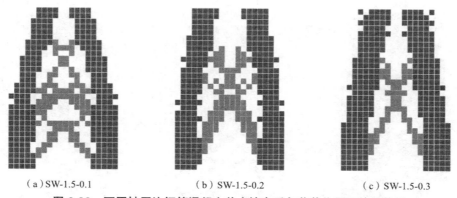

（a）SW-1.5-0.1

（b）SW-1.5-0.2

（c）SW-1.5-0.3

图 6.23　不同轴压比钢筋混凝土剪力墙在反复荷载作用下的拓扑解

从图 6.19（b）、图 6.23 可以看出，首先，随着轴压比的加大，一方面构件的水平承载能力得到提升，另一方面轴向荷载与水平荷载在构件中产生的效应比在加大，所以它们两侧主要杆件所包含的单元逐渐转向墙腹分布；从 SW-1.5-0 的下半部分为直杆的折杆，到 SW-1.5-0.1 的同为这样的折杆但折点下移，再到 SW-1.5-0.2 的转变为斜直杆，最后到 SW-1.5-0.3 的角度进一步向中间倾斜的斜直杆；其次，随着两侧主要杆件的这种变化，对墙肢腹部交叉支撑的需求自然越来越低。

　　为证实算法的运行稳定性，再按照 SW-2-0 的几何尺寸、材料强度、约束条件等设计参数均完全相同，仅轴压比不同，分别设计轴压比为 0.1、0.2 和 0.3 的钢筋混凝土剪力墙作为优化对比算例，按照第 6.3.1 节的命名方法，这 3 片剪力墙编号分别为 SW-2-0.1、SW-2-0.2 和 SW-2-0.3。其中，轴向压力在反复荷载施加前施加并保持恒定。同样，对这 3 片剪力墙均完成优化 I，拓扑优化过程与结果如图 6.24 ~图 6.26 所示。从图中可以看出，与前面的优化有着基本相近的规律，因此算法运行的稳定性也得到了证明。

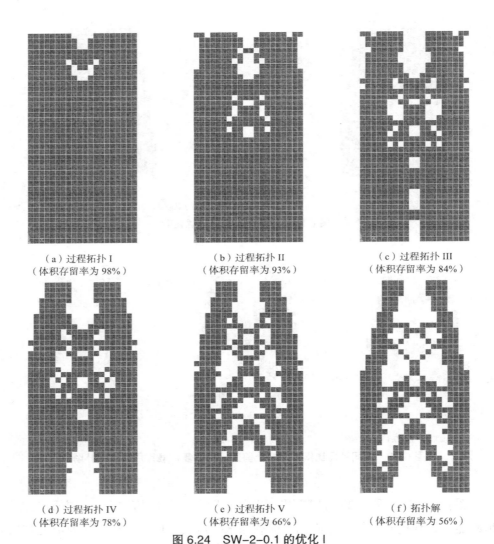

（a）过程拓扑 I（体积存留率为 98%）　（b）过程拓扑 II（体积存留率为 93%）　（c）过程拓扑 III（体积存留率为 84%）

（d）过程拓扑 IV（体积存留率为 78%）　（e）过程拓扑 V（体积存留率为 66%）　（f）拓扑解（体积存留率为 56%）

图 6.24　SW-2-0.1 的优化 I

（a）过程拓扑 I
（体积存留率为 98%）

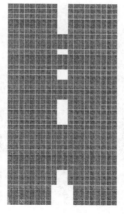

（b）过程拓扑 II
（体积存留率为 94%）

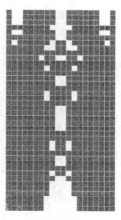

（c）过程拓扑 III
（体积存留率为 87%）

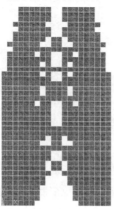

（d）过程拓扑 IV
（体积存留率为 81%）

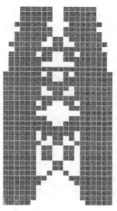

（e）过程拓扑 V
（体积存留率为 75%）

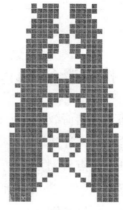

（f）拓扑解
（体积存留率为 56%）

图 6.25　SW-2-0.2 的优化 I

（a）过程拓扑 I
（体积存留率为 97%）

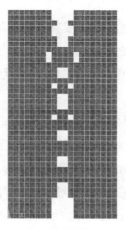

（b）过程拓扑 II
（体积存留率为 91%）

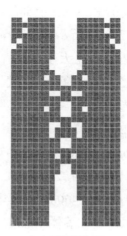

（c）过程拓扑 III
（体积存留率为 82%）

图 6.26　SW-2-0.3 的优化 I（一）

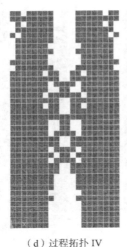 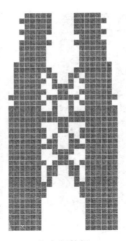

（d）过程拓扑 IV
（体积存留率为 79%）　　　　　　　（e）拓扑解
（体积存留率为 69%）

图 6.26　SW-2-0.3 的优化 I（二）

6.6　抗震概念设计思路

基于反复荷载作用下钢筋混凝土剪力墙拓扑的共性特征以及上两节的讨论，得出如下的抗震设计建议：

（1）重点针对墙体两侧主要耗能区域开展暗柱等约束边缘构件的设计，这与我国现行规范[133, 138]的设计理念是相同的，每侧暗柱宽约为墙肢截面高度的四分之一。对于低轴压比的钢筋混凝土剪力墙，当高宽比较小时，建议在每侧暗柱内配置较密的连续矩形螺旋箍筋（Rectangular Spiral Stirrups，RSS），如图 6.27（a）所示；当高宽比较大时，建议暗柱按两级耗能体系开展配筋设计，在下部的第一级耗能部位同样配置较密的 RSS，在上部的第二级耗能部位配置普通箍筋（Common Stirrups，CS），如图 6.27（b）所示。对于高轴压比的钢筋混凝土剪力墙，建议将两侧暗柱均向内倾斜，倾角与轴压比大小相关。随着轴压比加大，倾角最大可至 75° 左右，如图 6.27（c）所示。其暗柱的配筋方式与低轴压比钢筋混凝土剪力墙的设计方式相同，根据墙体高宽比选择。

（2）在墙肢腹部设计必要的 X 形交叉的斜向分布钢筋（Distributed Oblique Reinforcements，DOR）。对于高宽比较小的钢筋混凝土剪力墙，建议这些钢筋的倾角为 45°、间距为 250～400mm，如图 6.27（a）所示；而高宽比较大时，建议采用平均间距为 250～400mm 的变夹角交叉分布钢筋，即两向交叉的分布钢筋的夹角从顶到底逐渐减小。在墙体顶部时，夹角 $\alpha_1 > 90°$；到墙体中部时，夹角 $\alpha_2 = 90°$；到墙体底部时，夹角 $\alpha_3 < 90°$，如图 6.27（b）所示。

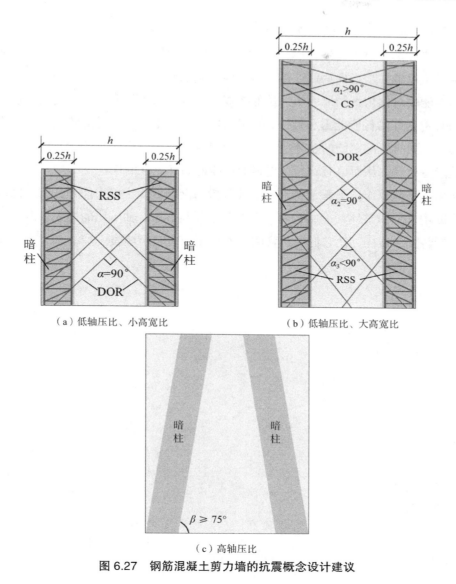

（a）低轴压比、小高宽比　　　　（b）低轴压比、大高宽比

（c）高轴压比

图 6.27　钢筋混凝土剪力墙的抗震概念设计建议

6.7　本章小结

（1）钢筋混凝土剪力墙拟静力拓扑优化方法，以结构在确定的反复荷载作用、位移边界和体积约束下，拥有最大耗能能力为优化目标，根据删除单元引起的结构累计塑性应变能变化量建立优化灵敏度，考虑了钢筋混凝土材料的非线性特性，可以直观地演化出拓扑解。

（2）基于材料非线性和基于线弹性分析完成优化，所得拓扑解均呈现为类杆系结构，剩余单元主要分布在两侧区域。虽然因剩余体积率和塑性应力重分布等原因，基于线弹性分析完成优化得到的拓扑解中杆件较清晰，但是基于材料非线性分析完成优化得到的拓扑解是更理想的耗能结构。

（3）参考基于材料非线性完成优化所得的拓扑解，构建 STM，再据相应的 STM 计算结果可以进一步指导钢筋混凝土剪力墙的配筋设计。反复荷载作用下钢筋混凝土剪力墙性能的对比仿真结果表明，虽然按规范经验方法设计和按本章优化方法设计的墙体均有着良好的耗能能力和延性；但相比之下，优化设计因为能使墙体获得更长的塑性铰区，同时所配钢筋的整体应力水平也更高，应力分布也更均匀，最终表现为墙体承载能力更高，从而也有着相对更强的耗能能力和更佳的延性。

（4）反复荷载作用下基于材料非线性分析的钢筋混凝土剪力墙拓扑解，随着墙体高宽比的增大，由整体耗能结构转为两级耗能结构；随着轴压比的增大，两侧主要杆件由折杆转变为直杆，使它们所包含的单元更多地分布至墙腹。

第7章 多荷载工况下的拓扑优化

7.1 概述

在许多实际工程项目中，对于不同的设计方案评价其优劣，往往需要考虑的不止一个设计目标。例如，在持久设计状况下，需要考虑静动荷载下的安全、经济、适用、耐久性等性能目标，考虑承载能力和正常使用这两种极限状态；再如，在抗震设计状况下，存在"小震"下对结构线弹性的要求和"大震"下对构件耗能能力的需求。在这种情形下，人们通常还期望多个项目设计指标均达到最优值，这就是多目标优化问题。多目标问题区别于单目标问题的最大不同就是，多个优化目标之间存在相互制约，对于单目标优化问题，任何两个解均可以比较出优劣解。但是在多目标问题中，任意两个解却不一定能比较出优劣解，一般很难使得各个目标函数同时达到最优解。在多目标优化问题中，一般只能寻得较好的非劣解。这些非劣解与其他劣解相比，在多个优化目标中均更优。

多目标优化问题本身是一个十分复杂的问题，目前尚未有能圆满解决的方法。本章主要针对多目标问题中相对较简单的一种，即土木工程设计中常见的多荷载工况问题，进行相关的优化方法介绍。

7.2 多目标优化基本理论

在多个约束条件下，包含 n 个目标的优化问题的数学模型可描述为：

$$\begin{cases} x = \{x_1, x_2, \cdots, x_n\}^{\mathrm{T}} \\ \text{最小化：} F(x) = \{f_1(x), f_2(x), \cdots, f_n(x)\}^{\mathrm{T}} \\ \text{服从：} g_i(x) \leqslant \sigma \quad (i = 1, 2, \cdots, m) \end{cases} \tag{7.1}$$

式中，x 为设计变量向量，$F(x)$ 为目标函数向量，$f_n(x)$ 为第 n 个目标函数，$g_i(x)$ 为第 i 个约束函数。

多目标优化问题的求解方法可以大致分为三类。

第一类是主要目标法。求解时，从多个目标选择一个主要目标，其他目标只需满足一定要求即可，一般以约束条件的形式保证其他目标的变化，以此将多目标问题转换为单目标问题。

第二类是统一目标法。这类方法是将多个目标使用一定的方法转化为同一目标的函数，作为多目标问题的评价函数；然后，使用单目标优化方法求解。统一目标法又可以分为加权组合法、目标规划法、功效系数法和乘除法。

第三类是分层序列法。这是将多目标优化问题中的 n 个目标函数分清主次，层层求得主次要目标的最优解；然后，在最优解的合集内寻找非劣解。分层序列法又可以分为宽容分层序列法和非宽容分层序列法。

7.3 多静力目标 GESO

7.3.1 荷载病态的处理

在有限元建模分析中，当面临多个静力荷载工况（P_1, P_2, $\cdots$, P_n）时，如果某荷载值 P_i 远大于另一荷载值 P_j，可能造成模型中部分单元分别在这两个工况下的应变能或应力灵敏度存在数量级的差别，从而导致较小荷载工况对最后的拓扑解无法体现，即出现多荷载工况下优化时的"病态"现象。

为了解决这一问题，可以把作用在结构上的荷载先进行等价化处理，即在得到多工况拓扑解之前仅考虑荷载作用的位置和方向，不考虑其实际大小，给定一个荷载标准值 $\overline{P}$，并基于所需考虑的荷载目标，假定 $P_1'=P_2'=P_3'=P_k'=P_n'=\overline{P}$（$P_k'$ 为第 k 个实际工况假定的相应荷载），相当于等价化所有荷载工况。在利用这些等价化的荷载工况求得拓扑解并据此建立 STM 后，再逐一输入每个实际荷载工况值完成力学分析；最后，取压杆-拉杆轴力包络值作为设计参考，即可有效避免多荷载工况下优化时病态荷载的出现。

7.3.2 算法理论与实现步骤

多静力目标 GESO 中，对第 k 个工况下单元应变能表达式如下：

$$C_i^k = \frac{1}{2}u_i^{\mathrm{T}}K_i u_i \tag{7.2}$$

式中，C_i^k、K_i 和 u_i 分别为在第 k 个工况下第 i 个单元的应变能、刚度矩阵与位移向量。

此时，多静力目标下单元应变能灵敏度如下：

$$C_i = \max\left\{C_i^1, C_i^2, \cdots, C_i^k, \cdots, C_i^n\right\} \tag{7.3}$$

为计算优化性能指标，先计算应变能密度：

$$\overline{C}=\frac{\sum_{i=1}^{n}\dfrac{C_i}{V_i}}{l}\qquad\qquad(7.4)$$

式中，V_i 为第 i 个单元的体积（面积），l 为存活单元总数。

由于优化对象的材料密度是均匀的，因此物体的质量与体积（面积）呈线性关系，因此可在优化过程中定义性能指标 T：

$$T=\frac{W_0\overline{C_0}}{W_{\mathrm{m}}\overline{C_{\mathrm{m}}}}=\frac{V_0\overline{C_0}}{V_{\mathrm{m}}\overline{C_{\mathrm{m}}}}\qquad\qquad(7.5)$$

式中，W_0、V_0 和 $\overline{C_0}$ 分别为初始设计域的总质量、总体积（总面积）与平均应变能密度；W_{m}、V_{m} 和 $\overline{C_{\mathrm{m}}}$ 分别为第 m 迭代步存留设计域的总质量、总体积（总面积）与平均应变能密度。

多静力目标 GESO 的具体步骤如下：

（1）建立钢筋混凝土有限元模型，给出约束条件与荷载等价化处理后的荷载条件；

（2）分别求解结构在每种荷载工况下的平衡方程，获取单元相应的应变能灵敏度；

（3）提取每个单元在各荷载工况单独作用下的应变能灵敏度最大值，作为其在该代的灵敏度；

（4）判定是否满足停止准则，若满足则跳出循环；否则，继续优化；

（5）选择所有存活单元进行杂交与变异等遗传算子操作；

（6）根据优化准则完成选择与舍去，返回步骤（2）。

多静力目标 GESO 的流程图如图 7.1 所示。

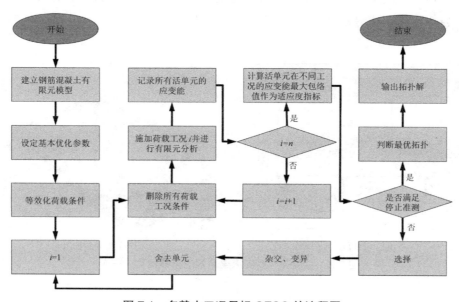

图 7.1　多静力工况目标 GESO 的流程图

前几章都讲过，在得到拓扑解后，通常要结合 STM 方法，才能实现对配筋设计的指导。此时，需要先求解基于拓扑解构建的 STM 的轴力分布。对于多个静力荷载工况下的优化设计问题，这个轴力分布必须为各个荷载目标下的 STM 的轴力包络值分布。

7.3.3 单侧开洞简支深梁算例

单侧开洞简支深梁，梁宽为 b=160mm，其余尺寸等几何参数如图 7.2（a）所示，第一个荷载工况为单独承受向下的 P_1=100kN，第二个荷载工况为单独承受向下的 P_2=100kN。利用 ANSYS 中的 APDL 二次开发平台来实现双静力目标 GESO，利用善于处理平面应力问题的八节点单元——plane82 平面单元建立钢筋混凝土整体模型，以实常数表达梁宽信息。在该模型中，钢筋混凝土被作为一种兼具良好拉压性能的复合材料来模拟，泊松比取 0.2，弹性模量为 2.8×10^{10}Pa，单元尺寸为 20mm × 20mm，优化基于线弹性分析结果。此外，参考文献 [153] 的研究结论，变异率和杂交率均取 0.2，最优个体选择率取 0.3。

算例在各种不同荷载目标下的拓扑解，如图 7.2（b）~（f）所示。从图 7.2（b）、（c）、（e）可知，单一荷载工况下的拓扑解演化为较清晰的杆系结构，是易于参照构建 STM 的；而直接叠加两个荷载工况下的拓扑解得到图 7.2（d），是较为混沌的，据此建立 STM 较为困难。根据上节中的步骤和流程图完成双静力目标 GESO，得到图 7.2（f），这正是兼顾两个荷载工况目标完成 GESO 所得的拓扑解，也可以看出其与前面几种拓扑解的显著区别，并且已显示为典型杆系结构，这至少说明双静力目标 GESO，与两个单静力目标优化拓扑解的直接弹性叠加以及同时作用两种荷载工况的单静力目标优化拓扑解相比，优化路径均完全不同。

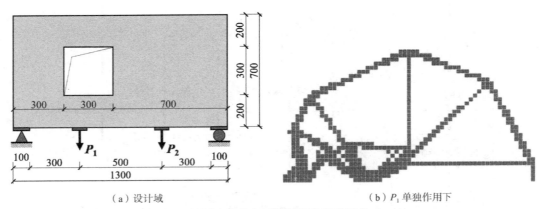

（a）设计域   （b）P_1 单独作用下

图 7.2 单侧开洞简支深梁算例的拓扑优化（一）

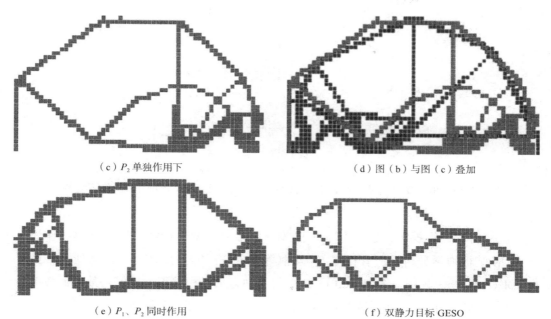

（c）P_2 单独作用下　　　　　　　　　（d）图（b）与图（c）叠加

（e）P_1、P_2 同时作用　　　　　　　　（f）双静力目标 GESO

图 7.2　单侧开洞简支深梁算例的拓扑优化（二）

直接参照图 7.2（f）人工完成 STM 的建立，再展开两个荷载工况分别单独作用下的 STM 结构力学分析，杆件内力结果以及它们的包络结果如图 7.3 所示。在 STM 建立时，出于使构建的 STM 更贴近拓扑解，根据参考文献 [154] 的观点，在保证计算弯矩较小时，可以将这些 STM 中杆件间的连接均采用刚结点，由于在 P_1 单独作用下杆件 AB 弯矩最大，$M_{AB}=0.63$kN・m；在 P_2 单独作用下杆件 CD 弯矩最大，$M_{CD}=0.39$kN・m。可见，不管作用哪个荷载工况，模型中的弯矩水平均相当低，可以忽略不计；而假定所有杆件的 EI 均相等时，正应力也可以忽略不计，因此利用该拓扑解能建立以 P_1、P_2 为工况目标的较理想 STM。与此同时，该模型能够较好地满足所设计的荷载工况的受力性能表明，先等价化荷载后，再在构建 STM 时考虑实际荷载工况条件，这一思路能够有效避免荷载的病态现象。

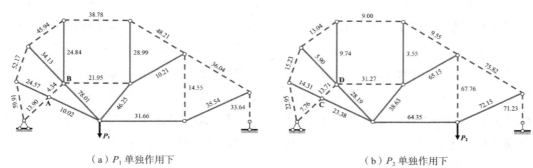

（a）P_1 单独作用下　　　　　　　　　　（b）P_2 单独作用下

图 7.3　单侧开洞简支深梁算例的双静力目标 GESO 所建拓扑 STM 轴力解及包络结果（一）

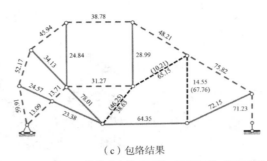

（c）包络结果

（实线为拉杆，长虚线为压杆件，短虚线为包络后可拉、可压杆件；数字为轴力，单位：kN）

图 7.3　单侧开洞简支深梁算例的双静力目标 GESO 所建拓扑 STM 轴力解及包络结果（二）

　　出于对比，根据图 7.2（b）建立 STM，同样完成两个荷载工况分别单独作用下的 STM 结构力学分析（所有杆件 EA 均取等值），杆件内力结果如图 7.4 所示。虽然图 7.4（a）、（b）分别与图 7.3（a）、（b）中的轴力水平相差不大，但以某一荷载工况下对应 STM 作用另一荷载显然是不合理的。具体表现为，图 7.4（a）中的杆件 EF 的 E 端和杆件 GI 的 H 端弯矩值已经达到一定的数量级。如此高的弯矩水平显然不符合 STM 特性，这样的 STM 无法满足另一个荷载工况目标，是不合理的。

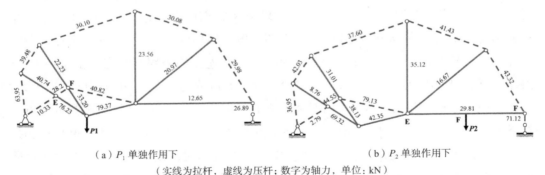

（a）P_1 单独作用下　　　　　　　　　　　　　　（b）P_2 单独作用下

（实线为拉杆，虚线为压杆；数字为轴力，单位：kN）

图 7.4　单侧开洞简支深梁算例的 P_1 作用单静力目标 GESO 所建拓扑 STM 轴力解

　　出于对比，再根据图 7.2（e）建立 STM，完成两个荷载工况分别单独作用下和共同作用下的 STM 结构力学分析，杆件内力结果及两个荷载工况单独作用的轴力包络结果如图 7.5 所示。首先，在 P_1 单独作用下杆件 JK 弯矩最大，$M_{JK}=4.07\text{kN}\cdot\text{m}$；在 P_2 单独作用下杆件 LM 弯矩最大，$M_{LM}=2.62\text{kN}\cdot\text{m}$。表明仅从弯矩水平来看，不管是 P_1 单独作用下还是 P_2 单独作用下，该 P_1 与 P_2 共同作用工况对应的单静力目标 GESO 所建拓扑 STM 都劣于多静力目标 GESO 所建。其次，比较图 7.3（c）和图 7.5（c）的应变能水平，假定两种 STM 中的杆件轴向刚度均为定值 EA，按下式计算每根杆件的应变能和模型的平均应变能：

$$V_{\varepsilon,i}=\frac{1}{2}F_i\Delta l_i=\frac{F_i^2 l_i}{2EA} \tag{7.6}$$

$$\overline{V_\varepsilon}=\frac{1}{n}\sum_{i=1}^n V_{\varepsilon,i} \tag{7.7}$$

式中，F_i、Δl_i、l_i、$V_{\varepsilon,i}$ 分别为第 i 根杆件的轴力、伸长率、长度和应变能；n 为拉杆和压杆的总数；$\overline{V_\varepsilon}$ 为杆件的平均应变能。经计算，图 7.3（c）对应的平均应变能结果为 709492kJ·$(2EA)^{-1}$，而图 7.5（c）对应的平均应变能结果为 755120kJ·$(2EA)^{-1}$，后者高出前者 6.4%，GESO 的优化目标为刚度最大化，即结构平均应变能最小化。可见，从两个荷载工况单独作用的轴力包络结果来看优化目标的实现，根据图 7.2（f）建立的 STM 也要优于据图 7.2（e）所建立的 STM。再次，在 P_1 与 P_2 共同作用下杆件 NO 弯矩最大，$M_{NO}=1.37$kN·m。但此时，从图 7.5（d）可以看出，模型的轴力水平已远远高于图 7.3（c）。所谓多静力目标，即这些荷载工况一般不会同时作用（同时作用的实际是单静力荷载工况问题）。所以，如果直接参照图 7.5（d）进行配筋设计，明显是极不经济的。此时，多静力目标 GESO 结合 STM 的设计方法，价值更加凸显。

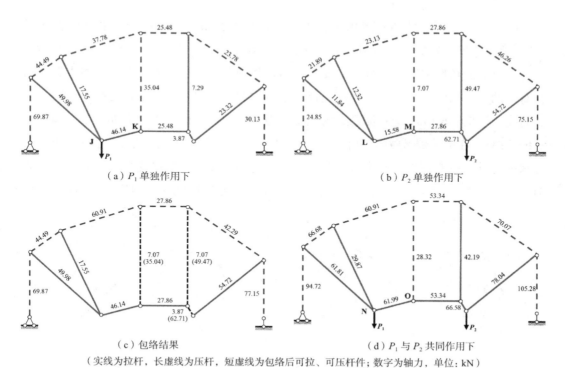

（a）P_1 单独作用下　　　　　　　　　　（b）P_2 单独作用下

（c）包络结果　　　　　　　　　　（d）P_1 与 P_2 共同作用下

（实线为拉杆，长虚线为压杆，短虚线为包络后可拉、可压杆件；数字为轴力，单位：kN）

图 7.5　单侧开洞简支深梁算例的 P_1 与 P_2 共同作用单静力目标 GESO 所建拓扑 STM 轴力解及包络结果

7.3.4　两端固定铰支实腹深梁算例

两端固定铰支深梁，梁宽为 b=160mm，其余尺寸等几何参数如图 7.6（a）所示，三个静力荷载工况下分别为单独承受向下的 P_1=100kN、P_2=100kN 和 P_3=100kN。分析和优化的基本参数与上节算例相同，多静力目标 GESO 所得的拓扑解如图 7.6（b）所示。

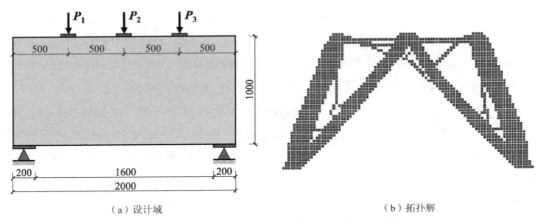

（a）设计域　　　　　　　　　　　　　（b）拓扑解

图 7.6　三点加载简支实腹深梁算例的多静力目标 GESO

　　图 7.6（b）所示的拓扑解出现了少量不对称的细节，这是由于 GESO 中引入了 GA，优化过程具有概率性所引起的。此外，计算中的浮点误差也可能造成这种现象。从传力路径的角度来看，杆件的主要传力路径集中在几根主斜压杆上。这些主斜杆均为对称的，其余为次要传力路径的支杆，不对称的情况也主要发生在这些支杆上。出于简化，以图 7.6（b）的右侧部分为主要参考，参照图 7.6（b）建立如图 7.7（a）所示的 STM。在完成结构力学分析（所有杆件 EA 均取等值）时，发现这些支杆的内力水平远低于主要杆件，基本可以忽略。出于进一步简化，忽略支杆，建立精简后的 STM 如图 7.7（b）所示。并且，按与上一节相同的方法得到轴力包络结果且经计算，

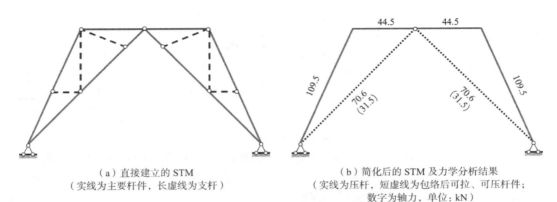

（a）直接建立的 STM　　　　　　　　　　（b）简化后的 STM 及力学分析结果
（实线为主要杆件，长虚线为支杆）　　　　　（实线为压杆，短虚线为包络后可拉、可压杆件；
　　　　　　　　　　　　　　　　　　　　　　数字为轴力，单位：kN）

图 7.7　三点加载简支实腹深梁算例的拓扑 STM

该 STM 结点弯矩很小，可以忽略。从图 7.7（b）可以看出，该 STM 下，内力水平和分布均较合理，三种荷载工况下的传力路径均简洁、明确，证明了多静力目标 GESO 的稳定性及面临更多静力目标时的优化能力。

　　在以上多静力目标 GESO 算法和拓扑 STM 建立方式下，一方面，不同边界条件下的深梁所得到的 STM 轴力解结果均未出现对某一荷载工况作用的忽略，即有效避免了荷载病态现象，说明等价化荷载后再在构建 STM 时，考虑实际荷载工况条件这一思路是可行的；另一方面，由于 GESO 对棋盘格现象良好的抑制能力，依据其拓扑解建立 STM 是一条直观可行的思路。

　　另外，据以往深梁的配筋设计试验结果[155]可知，STM 方法设计的深梁，一方面能保证承载力，另一方面还能节省钢筋用量，同时更加符合深梁的复杂受力特性。此外，由于我国规范[133]践行极限状态设计法，认为受拉混凝土在开裂后退出工作，荷载通过钢筋拉杆及未开裂的混凝土构成的压杆进行传递[154]。结合以上两个算例，经多静力目标 GESO 建立的拓扑 STM 及其结构力学分析结果，可以给出如图 7.8 所示的配筋建议方案。其中，图 7.3（c）和图 7.7（b）的 STM 结果可分别作为图 7.8（a）、（b）的配筋量设计参考。

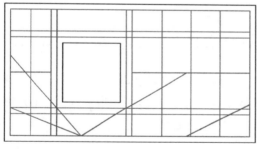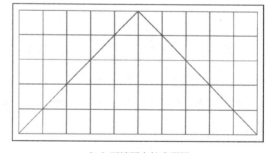

（a）单侧开洞的简支深梁　　　　　　　　　　（b）两端固定铰支深梁

图 7.8　钢筋混凝土深梁的钢筋布置建议

7.4　静动力双目标 ESO

7.4.1　灵敏度

　　在静动力双目标优化中，由于静力和动力的特性甚至量纲都存在差别，故荷载"病态"问题更加凸显。以动刚度和静刚度同步优化为目标的静动力双目标 ESO 为例，由于无法事先确定两个分目标的具体数值，即无法为两个目标建立直接的功效系数，并且两个目标需要保持在相当的水平上，故需要选择使用加权组合法将多目标问题转化为单目标优化问题。

　　然而，在这个过程中，两种荷载工况目标下的评价函数，单独计算的结果处于完全不同的量级，直接相加也会使得评价函数失效，故需要将各个评价函数进行无量纲化处理，并且保持目标函数值维持原本的水平。常用的无量纲化处理方法主要分为直线形（包括阈值法、指数法、标准化法等）、折线形（凸折线形法、凹折线形法、三折线形法等）和曲线形（包括曲线形无量纲法等）。接下来，将主要介绍采用阈值法中的极差标准化法对单目标函数值进行无量纲化处理的方法，表达式如下：

$$G_i(x) = \left| \frac{A(x_i) - A_{\min}}{A_{\max} - A_{\min}} \right| \tag{7.8}$$

对各个目标函数进行无量纲化处理后，需要构造新的评价函数将多个目标函数进行归一化处理，从而用一个函数值反映多个目标函数的贡献度。常用的评价函数主要有以下三种。

（1）P模函数：

$$G(x) = [\sum_{i=1}^{n} w_i |f_i(x) - f_i^*(x^*)|^p]^{\frac{1}{p}} \tag{7.9}$$

（2）极大偏差函数：

$$G(x) = \max_{1 < i < m} \left\{ w_i |f_i(x) - f_i^*| \right\} \tag{7.10}$$

（3）几何平均函数：

$$G(x) = \left[\prod_{i=1}^{m} |f_i(x) - f_i^*(x)| \right]^{\frac{1}{m}} \tag{7.11}$$

式中，w_i 代表权重系数，表示各个目标函数在评价函数中的偏重程度。

接下来，再以使用 P 模函数进行评价函数的构造为例进行说明。取 $p=1$，式（7.9）即转化为：

$$G(x) = [\sum_{i=1}^{n} w_i |f_i(x) - f_i^*(x^*)|] \tag{7.12}$$

根据式（7.8），对式（7.12）进行无量纲化处理，得：

$$G(x) = [\sum_{i=1}^{n} w_i \left| \frac{f_i(x) - f_i^*}{f_{i\max} - f_{i\min}} \right|] \tag{7.13}$$

根据以上方法，静刚度的归一化无量纲灵敏度为：

$$\alpha_{ci} = \left| \frac{c(x_i) - c_{\min}}{c_{\max} - c_{\min}} \right| \tag{7.14}$$

根据上式的计算，将每个单元的灵敏度控制在 [0 ~ 1] 的范围内，并注意在归一化处理之后不能改变每个单元在序列中的位置，以维持计算中各单元对于各优化目标的贡献度。

同理，动刚度的归一化灵敏度为：

$$\alpha_{fi} = \left| \frac{f(x_i) - f_{\min}}{f_{\max} - f_{\min}} \right| \tag{7.15}$$

将归一化后的动刚度灵敏度和静刚度灵敏度，使用理想点法进行线性加权，即将式（7.14）和式（7.15）代入式（7.13），便构建出静动力多目标优化的灵敏度：

$$G(x) = w_1 \left| \frac{c(x_i) - c_{\min}}{c_{\max} - c_{\min}} \right| + w_2 \left| \frac{f(x_i) - f_{\min}}{f_{\max} - f_{\min}} \right| \tag{7.16}$$

式中，$G(x)$ 是通过静动力灵敏度线性加权后获得归一化灵敏度；w_1、w_2 分别代表静刚度优化和频率优化的权重系数。

7.4.2　优化参数

1. 自适应优化相关参数

单目标静力优化可能存在网格依赖问题，单目标动力优化可能出现模态震荡问题。为避免静动力双目标 ESO 中出现上述问题，在完成归一化灵敏度计算之后，按下式计算每代的非劣等单元灵敏度筛选值 α_j 作为单元优胜劣汰的限值：

$$\alpha_j = \frac{\sum_{i=1}^{N} G(x_i)}{N} \tag{7.17}$$

式中，N 为本代单元总数；μ_j^* 为第 j 代的非劣等单元灵敏度控制系数，在优化过程中，可依据前一代删除单元的数量对其值进行自适应调整：

$$\mu_j^* = \begin{cases} \mu_{j-1}^* + E & (\beta < \beta_1) \\ \mu_{j-1}^* & (\beta_1 < \beta < \beta_2) \\ n \cdot \mu_{j-1}^* & (\beta > \beta_2 \text{且} \mu_{j-1}^* \leqslant \mu_0) \\ \mu_{j-1}^* - \mu_1^* & (\beta > \beta_2 \text{且} \mu_{j-1}^* > \mu_0) \end{cases} \tag{7.18}$$

式中，E 为评判值的进化率；μ_1^* 为初始代的非劣等单元灵敏度控制系数；β 为前一代的单元删除率；β_1 和 β_2 分别为预设的删除单元率下阈值和上阈值，通常可分别取 1% 和 2%。当 β 超过上阈值时，在优化前期，设置控制 μ_j^* 降低幅度的控制参数 μ_0，通过比例参数 n 来对 μ_j^* 实施自适应降低操作，$n \in (0,1)$，通常可取 0.5～0.8；在优化后期，直接按 μ_j^* 的幅度对 μ_j^* 实施自适应降低操作。E、μ_1^* 和 μ_0 的取值，可以通过试算或根据经验选定。

2. 性能指标

定义结构静力优化性能指标 P^* 和结构动力优化性能指标 F^*：

$$P^* = \frac{C_0 V_0}{C_i V_i} \tag{7.19}$$

$$F^* = \frac{\omega_i}{\omega_0} \qquad (7.20)$$

式中，C_0 和 V_0 分别表示初始总应变能和体积；C_i 和 V_i 分别表示第 i 次迭代后的总应变能和体积；ω_i 和 ω_0 分别代表当代和初始代的一阶固有频率。

P^* 值越大，表示结构静力刚度越高，即结构在给定荷载下的位移越小。优化过程中，出于对结构静力性能的基本要求，建议拓扑解的 P^* 值保持在 0.9 以上。F^* 值越大，表示结构动力刚度越高，即结构的一阶固有频率越大。

3. 优化终止条件

优化过程中，设定三个并行的优化终止条件，分别是结构的体积存留率下限值、P^* 下限值及 μ_j^* 上限值。其中，任一条件被超出时，优化即终止。大多数情况下，优化终止由体积存留率条件控制。而后两个条件的设置主要为了在优化中可能出现较大程度畸变或单元应变能分布已较为均匀时，即时终止优化。

7.4.3 优化流程

以 ESO 算法为基础，结合单目标刚度优化算法和频率优化算法得到归一化后的静动力拓扑优化算法，具体操作流程如图 7.9 所示。

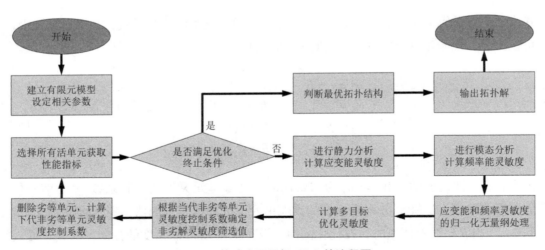

图 7.9 静动力双目标 ESO 的流程图

7.4.4 两端固定铰支短梁算例

两端简固定铰支短梁，处于平面应力状态，如图 7.10 所示。厚度 t=50mm，材料的弹性模量为 $3.0 \times 10^4\text{N/mm}^2$，泊松比为 0.2，密度为 $7.9 \times 10^{-6}\text{kg/mm}^3$，跨中顶部作用 50kN 的集中荷载。由于 ANSYS 平台既有良好的有限元分析能力，同时其 APDL 二次语言开发功能又便于优化的程序编制和算法实现，因此，选择在 ANSYS 平台上

完成该算例的静动力双目标 ESO。选用 plane42 单元建立有限元模型，权重系数为
$w_1=w_2=0.5$。以最大化结构刚度作为主要目标，以增大结构第一阶模态频率作为次要
目标，以初始拓扑体积的 40% 作为约束，非劣等单元灵敏度控制系数的上限值取为 0.1，
评判值进化率 E 取 0.005，单元数量控制值为 1.5。该算例静动力双目标 ESO 的过程
及解如图 7.11 所示。

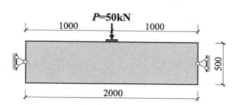

图 7.10　两端固定铰支短梁算例的设计域

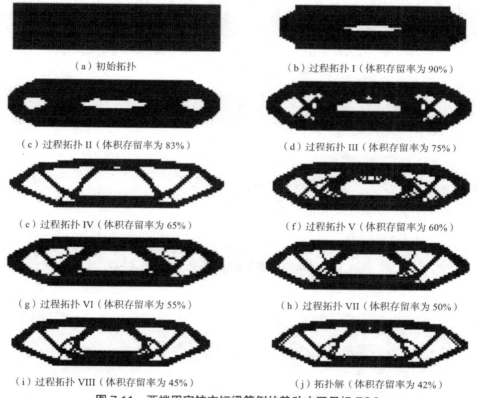

（a）初始拓扑　　　　　　　　　　　　　（b）过程拓扑 I（体积存留率为 90%）

（c）过程拓扑 II（体积存留率为 83%）　　　（d）过程拓扑 III（体积存留率为 75%）

（e）过程拓扑 IV（体积存留率为 65%）　　　（f）过程拓扑 V（体积存留率为 60%）

（g）过程拓扑 VI（体积存留率为 55%）　　　（h）过程拓扑 VII（体积存留率为 50%）

（i）过程拓扑 VIII（体积存留率为 45%）　　　（j）拓扑解（体积存留率为 42%）

图 7.11　两端固定铰支短梁算例的静动力双目标 ESO

从图 7.11 所示的优化结果可以看出，在结构中部和两侧受力较小的部分随着优
化进行被逐渐删除，荷载由上部和中部的四根压杆向支座传力，使得结构在集中荷载
下能保持较低水平变形，拓扑解的 P^* 值相比初始拓扑仅小幅下降为 0.92；保留单元多

集中在外围，相较于初始拓扑，拓扑解的一阶固有频率得提升到了 9.05Hz，F^* 值提升了 10%。这表明，静动力双目标 ESO 的解在保证了静刚度的同时，提升了一阶固有频率。

7.4.5 固支短梁与深梁算例

两端固支短梁算例和两端固支深梁算例，初始设计域分别如图 7.12（a）、（b）所示，其余参数设置同上节的两端固定铰支短梁算例优化。以上两个算例的静动力双目标 ESO 过程及解，分别如图 7.13 和图 7.14 所示。

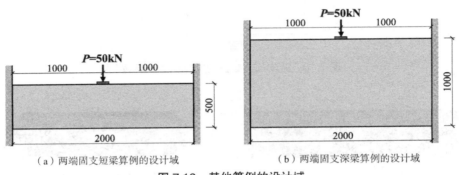

（a）两端固支短梁算例的设计域　　　　（b）两端固支深梁算例的设计域

图 7.12　其他算例的设计域

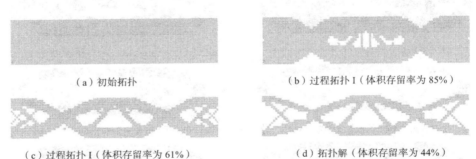

（a）初始拓扑　　　　（b）过程拓扑 I（体积存留率为 85%）

（c）过程拓扑 I（体积存留率为 61%）　　　（d）拓扑解（体积存留率为 44%）

图 7.13　两端固支短梁算例的静动力双目标 ESO

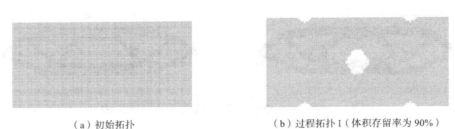

（a）初始拓扑　　　　（b）过程拓扑 I（体积存留率为 90%）

图 7.14　两端固支深梁算例的静动力双目标 ESO（一）

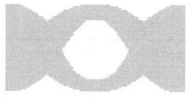

（c）过程拓扑 I（体积存留率为 70%）　　　　（d）拓扑解（体积存留率为 42%）

图 7.14　两端固支深梁算例的静动力双目标 ESO（二）

从图 7.13、图 7.14 可以看出，在不同的荷载和边界条件下，这两个算例的静动力双目标 ESO 过程和解均与上节的两端固定铰支短梁算例十分类似。均是不断删除结构中部弯矩较小的单元，从而使得在结构能够在体积不断减小的同时，保持一定的刚度；并且，一阶主频能够不断地提升，但同时保留了主要传力路径。

三个算例拓扑解的性能指标如表 7.1 所示。从表 7.1 可以看出，静动力双目标 ESO 算法可以对不同工况下的深受弯构件都取得了良好的拓扑解，其中两端固定铰支短梁算例和两端固支短梁算例拓扑解的性能指标极其接近。这证实了该算法的可行性和普适性。通过三个算例的优化，表明静动力双目标 ESO 可以兼顾结构的静力和动力性能，演化出完全不同于静力或动力单目标 ESO 的拓扑解。但是，也值得注意一点，两端固支深梁算例拓扑解的一阶固有频率提升幅度虽然最大，高达 34%，但其性能指标也相应降低到了 0.74，表明其位移将会远大于另外两种算例。静力性能对于结构的意义重大，因而这种情况下可能需要在优化中对静力性能给予更高的权重。

三个算例拓扑解的性能指标对比 　　　　　　　表 7.1

算例	F^*	P^*
两端固定铰支短梁	1.10	0.92
两端固支短梁	1.10	0.91
两端固支深梁	1.39	0.74

7.4.6　权重系数的影响

在静动力双目标 ESO 的灵敏度归一化处理和控制中，权重系数 w_1 和 w_2 的取值对于拓扑解有着极大的影响，两端固定铰支短梁算例的拓扑解随权重系数的变化如表 7.2 所示。

不同权重系数下两端固定铰支短梁算例的拓扑解　　　　　　表 7.2

w_1	w_2	F^*	P^*	优化结果
1	0	1.03	1.16	
0.7	0.3	1.05	1.07	
0.5	0.5	1.10	0.92	
0.3	0.7	1.12	0.66	
0	1	1.14	0.36	

对于表 7.2 中的优化结果，可以按以下三种情况进行讨论：

（1）当权重系数 $w_1>0.5$、$w_2<0.5$ 时。从相关结果可以看出，这种情况下的拓扑解腹部布置了四根斜压杆，底部有两道弧形拉杆，它们之间基本保持正交的状态。根据 Hemp[111] 所总结的平面 Michell 桁架布局特征可知，当穿过某点的杆件是多对垂直的拉杆与压杆时，杆件的应变均为等值，结构中应力均匀，相应变形最小，因此这些结果较为符合平面 Michell 桁架布局的特征。以其中 $w_1=1$ 而 $w_2=0$ 的极限情况为例，这实质上就是静力的刚度单目标优化，因此在相同荷载作用下，每根杆件的应变都几乎是相等的，结构的跨中位移为最小，从而体现为刚度性能指标 P^* 提升至 1.16。

（2）当权重系数 $w_1<0.5$、$w_2>0.5$ 时。从相关结果可以看出，这种情况下的拓扑解在外层布置更多的单元，腹部杆件占据的质量较少，即有着同质量下更大的惯性矩。根据文献 [156] 的介绍，结构的质量与频率成反比，而其惯性矩与频率成正比，因而这些结果应有着更高的固有频率。以其中 $w_1=0$ 而 $w_2=1$ 的极限情况为例，这实质上就是动力的频率单目标优化，故相应的拓扑解中部空洞最大，左右两侧均只由两根细长交叉斜向压杆支撑，从而表现出频率性能指标 F^* 达到最大值 1.14。但也要注意，此时在跨中集中力作用下，荷载主要由上部横向拉杆传递到支座部分，结构的刚度性能指标 P^* 已低至 0.36，将会产生较大的跨中挠度。

（3）当权重系数 $w_1=w_2=0.5$ 时。相关结果的频率性能指标 F^* 十分接近动力的频率单目标优化的结果，而结构的刚度性能指标 P^* 也仍能保持在 0.9 以上。这表明，这样的优化能兼顾结构的静动力性能，体现了多目标优化的价值，这也是实际工程结构优化应用所需要的结果。建议对于一般结构，可以先按这样的权重系数比进行试算。当拓扑解的刚度性能指标 P^* 过低，或者静力性能相对于动力性能有较高的要求时，可以适当提高 w_1 和同时降低 w_2。

7.4.7 其他优化参数的影响

由于静动力双目标 ESO 采用单向确定性删除准则，且单元灵敏度进行了归一化无量纲化处理，故自适应优化相关参数都会对优化结果产生影响。这其中，又以初始代的非劣等单元灵敏度控制系数 μ_1 和评判值进化率 E 的影响最为明显。

当 μ_1 和 E 取值均过小时，优化过程中会出现较严重的棋盘格现象，如图 7.15（a）所示；当 μ_1 或 E 取值过大时，易发生误删，并且在单向确定性删除准则下也没有任何复活机制，优化进程也可能不理想，如图 7.15（b）所示。与本章算例设计参数接近的优化初始域，建议 μ_1 取值范围为 0.08～0.15，E 取值为 0.005 左右。

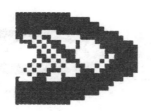 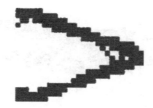

（a）棋盘格效应　　　　　　　　（b）过量删除

图 7.15　参数选取不合理时的优化

7.4.8 拓扑解的仿真对比

本节对两端固定铰支短梁算例的静力刚度 ESO、动力频率 ESO 和静动力双目标 ESO 的拓扑解，先按照以下原则进行圆整化：

（1）按外包线圆整直杆；

（2）对小弧度的曲杆据结点位置与结点处截面外边连线进行直杆化处理；

（3）去除单元不连续的断杆；

（4）归并距离较近的结点。

然后，基于 ABAQUS 有限元通用分析平台，对相应的初始拓扑结构和三个圆整化拓扑解后建立的结构，开展有限元仿真对比。之所以改用 ABAQUS 平台，一方面是因为它是一款功能强大的有限元模拟软件，包含了丰富、可模拟任意几何形状的单元库，可以十分方便地完成各类线性和非线性仿真任务；另一方面，也是为了与 ANSYS 的分析相互印证。

　　在跨中顶部 50kN 集中力作用下，四个结构的 von Mises 应力云图如图 7.16 所示，位移云图如图 7.17 所示，竖向振动一阶振型图如图 7.18 所示。具体的跨中最大位移，von Mises 应力平均值、标准差与变异系数，以及竖向振动一阶固有频率，如表 7.3 所示。

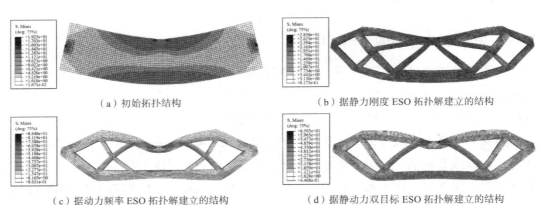

（a）初始拓扑结构　　　　　　　　　（b）据静力刚度 ESO 拓扑解建立的结构

（c）据动力频率 ESO 拓扑解建立的结构　　　（d）据静动力双目标 ESO 拓扑解建立的结构

图 7.16　四个结构仿真的 von Mises 应力云图（应力单位：MPa）

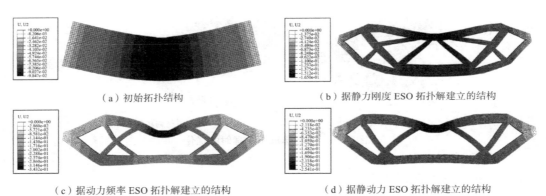

（a）初始拓扑结构　　　　　　　　　（b）据静力刚度 ESO 拓扑解建立的结构

（c）据动力频率 ESO 拓扑解建立的结构　　　（d）据静动力 ESO 拓扑解建立的结构

图 7.17　四个结构仿真的位移云图

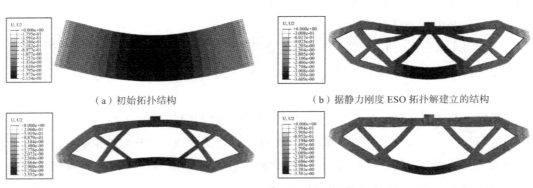

（a）初始拓扑结构　　　　　　　　　（b）据静力刚度 ESO 拓扑解建立的结构

（c）据动力频率 ESO 拓扑解建立的结构　　　（d）据静动力双目标 ESO 拓扑解建立的结构

图 7.18　四个结构仿真的竖向振动一阶振型图

四个结构仿真的静动力性能参数　　　　　　　　　表 7.3

结构	在跨中顶部 50kN 集中荷载作用下				竖向振动一阶固有频率（Hz）
	跨中最大位移（mm）	von Mises 应力（MPa）			
		平均值	标准差	变异系数（标准差 / 平均值）	
初始拓扑结构	0.0985	3.90	2.23	0.57	250.22
据静力刚度 ESO 拓扑解建立的结构	0.1650	7.95	2.43	0.31	265.00
据动力频率 ESO 拓扑解建立的结构	0.3432	10.33	7.09	0.69	297.92
据静动力双目标 ESO 拓扑解建立的结构	0.2207	8.82	4.76	0.54	283.10

从图 7.16 ~ 图 7.18 以及表 7.3 的结果可以看出：

（1）初始拓扑结构静力刚度最大，所以变形最小，特别是弯曲变形导致的跨中最大位移最小；由于结构中存在大量低效单元，故所有单元的 von Mises 应力平均值处于较低的水平，远低于其他的三个结构，变异系数高达 0.57。说明，结构内整体应力水平较低且应力分布的均匀性一般，材料利用不尽充分。同时，虽然其刚度最大，但其质量也最大。结果上来看，竖向振动的一阶固有频率反而最小。以上，都表明了优化的必要性。

（2）根据静力刚度 ESO 拓扑解建立的结构，跨中最大位移较小，所有单元的应力平均值较低，且变异系数最小，仅 0.31，说明其在静力刚度上和应力分布均匀性上的优势，对材料强度的利用较充分，但结构中腹杆数量较多，使其竖向振动一阶固有频率较低，这也反映出其在动力性能上相对最为薄弱。

（3）根据动力频率 ESO 拓扑解建立的结构，与据静力刚度 ESO 拓扑解建立的结构刚好相反，竖向振动的一阶固有频率最大，但其跨中最大位移达到静力优化拓扑解的 2 倍以上。所有单元的应力平均值和标准差都相当高，变异系数也最大，高达 0.69，反映了其在静力性能上的缺陷。经分析，这是因为其将质量集中在周边，腹部仅存留了两组 X 形的支撑型腹杆所引起。对于一般土木工程结构来说，静力性能是必要的基本性能，因此这样的动力单目标优化不可取。

（4）综合考虑静力性能与动力性能，根据静动力双目标 ESO 拓扑解建立的结构表现最佳。首先，其跨中最大位移仅高出根据静力刚度 ESO 拓扑解建立的结构 25%，单元应力平均值仅高出根据静力刚度 ESO 拓扑解建立的结构 11%，并且变异系数相较于据动力频率 ESO 拓扑解建立的结构要小得多，表明其基本保持了静力刚度，整体上处于较均匀的较高应力水平，材料利用较为充分；其次，其竖向振动的一阶固有频率仅低于据动力频率 ESO 拓扑解建立的结构 4.9%，表明其也有着良好的动力性能。

所以说，静动力多目标优化可以兼顾静动力目标，从而演化出完全不同于单目标优化的拓扑解，并且这些拓扑解有着更佳的静动力综合力学性能，这样就更能贴近工程设计中对结构静动力特性的综合需求。

（5）关于竖向振动的一阶固有频率，在 ABAQUS 的仿真中，据静动力双目标 ESO 拓扑解建立结构为据动力频率 ESO 拓扑解建立结构的 95.0%；而在 ANSYS 仿真中，静动力双目标 ESO 拓扑解为动力频率 ESO 拓扑解的 96.5%；关于整体抗弯刚度，以最大跨中位移作为评价，在 ABAQUS 的仿真中，根据静动力双目标 ESO 拓扑解建立结构为据动力频率 ESO 拓扑解建立结构的 74.8%；而在 ANSYS 的仿真中，静动力双目标 ESO 拓扑解为动力频率 ESO 拓扑解的 79.3%。可见，两个平台分析结果形成了相互佐证，差值可能与结构圆整化有关。

7.4.9　综合考虑静动力性能的短梁概念设计思路

根据两端固定铰支短梁算例的静动力双目标 ESO 拓扑解，可将该解划分为如图 7.19（a）所示的受压区和受拉区两个部分，并进一步得到相应的概念设计建议：

（1）从钢筋混凝土构件配筋设计的角度，一方面应在梁底部以纵筋或预应力筋的形式布置一根通长拉杆，以期抵抗结构中的最大拉应力；另一方面，将梁底面中部压杆范围外底部的抗拉钢筋斜向上约 30° 和 45° 弯起，如图 7.19（b）所示。

（2）当构件支座约束位于两端时，短梁上部的压杆设计是重点，根据拓扑解可得在相应荷载下短梁受压区域面积，根据美国规范 ACI 318-19[134]，受压区混凝土中部会因压力而形成瓶形压杆。故当外加荷载较小时，一方面设置压杆横截面上的箍筋以控制压力传递下压杆的变形，另一方面可以在短梁跨中顶部设置受压钢筋加强区连接四根压杆的顶端，如图 7.19（c）所示；当外加荷载较大时，可直接于构件顶部设置型钢拱，如图 7.19（d）所示，以承受结构主要压力。

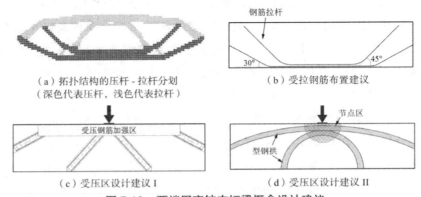

（a）拓扑结构的压杆 - 拉杆分划
（深色代表压杆，浅色代表拉杆）

（b）受拉钢筋布置建议

（c）受压区设计建议 I

（d）受压区设计建议 II

图 7.19　两端固定铰支短梁概念设计建议

7.5　本章小结

（1）多静力目标 GESO，先等价化荷载以求取拓扑解，依据此建立 STM，再逐一输入每个实际荷载工况值完成力学分析。取杆件轴力包络值作为设计参考，可以有效解决病态荷载问题。

（2）以 STM 型杆件内力水平及分布为指标，与两个单静力目标优化拓扑解的直接弹性叠加以及同时作用两种荷载工况的单静力目标优化拓扑解等进行比较，多静力目标 GESO 得到的拓扑解更优，表明其相对较强的全局寻优能力。同时，多静力目标 GESO 还可以较有效地抑制棋盘格现象，获取较清晰的杆系结构拓扑解，依据其建立 STM 较为直观、可行。

（3）静动力双目标 ESO 算法，以结构静力刚度为主要目标，以提高结构一阶主频作为第二目标。它通过先归一化无量纲处理静力刚度单目标优化和动力频率单目标优化的灵敏度后，再运用权重系数结合两者，建立出静动力双目标优化所需的灵敏度，从而实现优化。

（4）静动力双目标 ESO 算法可以兼顾结构的静力和动力性能，使得结构在静力刚度基本维持不变、体积不断减小的同时，一阶主频不断提升，演化出完全不同于静力或动力单目标 ESO 的拓扑解，并且该算法的稳定性和普遍适用性均良好。

（5）权重系数 w_1 和 w_2 的取值对于静动力双目标 ESO 演化拓扑解有着极大的影响，各取 0.5 时一般可获得静动力综合性能最佳的拓扑解。当拓扑解的刚度性能指标 P^* 过低或静力性能相对于动力性能有较高的要求时，可以适当提高 w_1、同时降低 w_2。出于对结构承载能力安全性能的考虑，建议静力权重系数不小于 0.5。

第8章 基于拓扑解的静定桁架模型构建

8.1 概述

桁架模型能较好地解释钢筋混凝土构件剪、扭受力机理[157-158]。早在 19 世纪末，Ritter[159] 提出平行弦桁架模型用以描述有腹筋梁的受剪切机理，后续研究者又在此基础上提出受压腹杆可调整的变角桁架模型[160]，混凝土压杆软化的软化桁架模型等[161]。这些模型力学概念清楚、计算简便，至今许多国家的设计规范中仍在沿用[134, 162]。Drucker[163] 针对理想简支钢筋混凝土梁的承载能力估计，提出一种基于塑性极限分析下界定理的类桁架模型——STM，能偏于保守地完成梁强度的设计。后来，STM 方法又被拓展至混凝土构件设计应用。然而，该方法当前亟待解决一个关键问题，即 STM 的构建[59]。当前的主要方法在构建 STM 时，通常只考虑平衡条件和失效准则，而忽略变形相容条件，可能会使得相同问题下构建出的 STM 不具有唯一性。最小应变能原理认为，最优 STM 应满足拉杆数量最少、拉杆总长度最短的组成规则[56]。拓扑优化通过在给定体积约束条件下寻找刚度的最大材料分布，显然较契合构建这种最优 STM 的目的。然而，连续体拓扑优化得到的解提供的材料分布方案，虽然大多数看起来已接近类桁架结构，但终究是有限单元组成的二维图形，与 STM 仍有差别。

为了解决这个问题，有学者[74, 164]采用图形处理等方法获取拓扑解的骨架，再参考骨架结点建立 STM。但是，这种先确定结点再连接其而生成杆件的思路，可能因结点误差引起杆件角度偏差，进而体现为进一步放大的实际力流与杆件轴力方向的误差。此外，对于很多位移边界较复杂的构件，其拓扑解中可能存在模糊区，以及构件中常存在的宽度不一的并行力流问题，这些方法也未能提出针对性的解决方案。

因此，本章介绍一种基于拓扑解的图形处理，先确定杆件倾角，再据此建立 STM 的新方法。此外，由于当前的设计理论中对 STM 与桁架模型的概念区分较为模糊。为使概念更加清晰，这种新方法中将 STM 限定为仅包含一维直杆和铰结点的静定桁架模型。

8.2　模型构建方法

8.2.1　基本思路

一组静力平衡交汇力系中，每个力的方向角相对关系对于它们的大小有着至关重要的意义，进而对之后参照其设计的杆件强度、截面尺寸等都有较大影响。因此，优先确定杆件角度，以保证该角度的精度，再进行模型组装，是本书将拓扑解转换为桁架结构的基本出发点。转换原则为先确定杆件角度，再确定杆件结点；先组装刚架结构，再转换建立桁架结构。流程中存在"检查特殊区域或模糊区"的一步，是出于部分拓扑解局部较模糊或优化程度较低时需要进行的必要判断。具体流程图如图 8.1 所示。

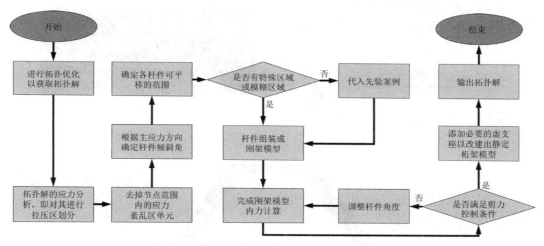

图 8.1　基于拓扑解的静定桁架模型构建流程

8.2.2　拓扑解的应力分析

关于拓扑解的获取，事实上当前的各种拓扑优化算法，特别是其中的 ESO 类算法，都能较稳定地完成这项工作，只不过解的精度和全局最优性有所差别。为了更好地说明本章介绍的静定桁架模型构建方法，下面以一个两点加载简支实腹深梁算例为例。如图 8.2（a）所示，在 MATLAB 上自主编程，完成从结构线弹性分析和经典 BESO，到图像识别和模型构建的全过程，作为示例。

首先，运用经典 BESO 完成刚度优化，得到拓扑解（该过程在本书前章节多次介绍，此处不再赘述）。然后，开展对拓扑解的应力分析。对于平面应力问题，根据第一主应力 σ_1 和第二主应力 σ_2 的数值，对拓扑解中的单元进行受拉单元和受压单元的划分进行定义[165]：

$$\begin{cases} 若\sigma_1 > \sigma_2 > 0：受拉单元 \\ 若\sigma_1 > 0 > \sigma_2 \begin{cases} 若|\sigma_1| > |\sigma_2|：受拉单元 \\ 若|\sigma_1| < |\sigma_2|：受压单元 \end{cases} \\ 若0 > \sigma_1 > \sigma_2：受压单元 \end{cases} \quad (8.1)$$

对上述深梁算例的初始拓扑，按照上述规则进行拉压单元划分，结果如图8.2（b）所示。完成经典BESO获得拓扑解后，再对该拓扑解同样按照上述规则进行拉压单元划分，结果如图8.2（c）所示。

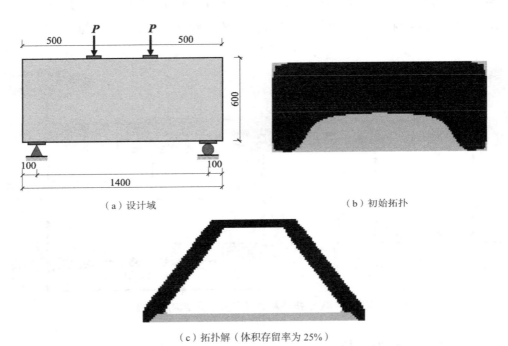

（a）设计域　　　　　　　　　　　　　（b）初始拓扑

（c）拓扑解（体积存留率为25%）

（图b、c中，深色表示与受压有关，浅色表示与受拉有关）

图8.2　实腹深梁算例的经典BESO及拓扑解的应力区划分

8.2.3　应力紊乱区滤除和杆件倾斜角确定

拓扑解非结点区的单元，应力场都较为明确。而结点区，第一、二主应力的大小和方向都比较杂乱，上述深梁算例的结点区主应力分布情况如图8.3（a）所示。或者换一个角度来看，非结点区单元的第一、二主应力之和基本处于特定区间，而结点区单元此和的数值往往远超出此区间，因此可以经验性地定义非结点区单元为满足下式的单元：

$$\sigma_1 + \sigma_2 \in [0.7\sigma_t, 1.3\sigma_t] \cup [1.3\sigma_c, 0.7\sigma_c] \quad (8.2)$$

式中，σ_t、σ_c分别为受拉区单元的平均主拉应力和受压区单元的平均主压应力。

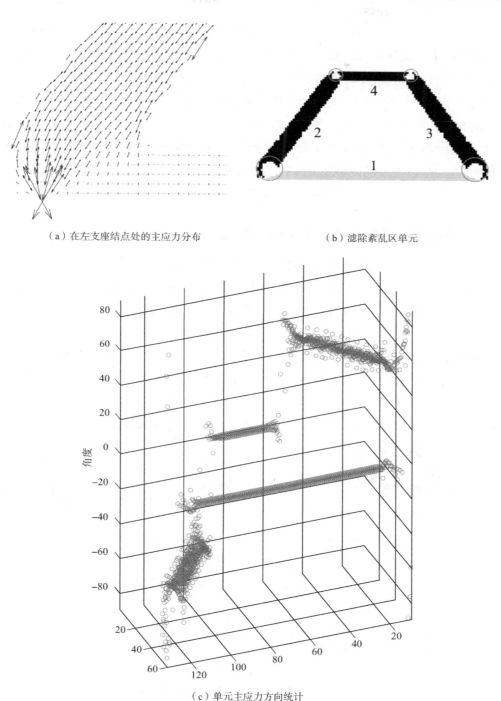

（a）在左支座结点处的主应力分布　　　　　（b）滤除紊乱区单元

（c）单元主应力方向统计

[图（a）、（b）中，面积大的颜色表示与受压有关，面积小的颜色表示与受拉有关]

图 8.3　实腹深梁算例拓扑解的应力紊乱区滤除和杆件倾斜角确定

　　定义了非结点区单元后，先将拓扑解中不满足式（8.4）的单元视为应力紊乱区单元进行滤除，通常包括拉压交汇处以及支座和加载点等部位的单元。对图 8.2（a）

所示的上述深梁算例的拓扑解，滤除应力紊乱区单元的结果如图 8.3（b）所示。

滤除应力紊乱区单元，实际上也是对拓扑解的拆分。然后，通过将单元的主应力方向角存储在单元矩阵中，并且利用针状三维图将方向角映射到图形纵坐标上，底部坐标为各单元的位置坐标。统计计算拓扑解中各单元主应力的方向角，便能求出相应杆件的角度。在计算各杆件的平均方向角时，不计入应力紊乱区单元的应力方向角，能有效避免结点处方向角差异过大引起的误差。对于图 8.3（b）所示的上述深梁算例拓扑解，在滤除应力紊乱区单元之后的其余单元，方向角三维图统计如图 8.3（c）所示。据此，已经可以直观地得到各杆件的倾斜角。

8.2.4　刚架模型组装与静定桁架模型转建

接下来，需要将拓扑解图形转化为二值图，通过对二值图内值为 1 的单元进行包围，如图 8.4（a）所示，以便于在拓扑解图形范围内提取其图形轮廓线[166]。然后，对上一步确定好倾斜角的杆件，在轮廓线范围内进行刚架模型的组装。对于上述深梁算例，这一步的结果如图 8.4（b）所示。需要说明的是，出于吻合边界条件的考虑，在支座和加载点处还应限制结点的位移路径。以图 8.4（b）中左支座为例，支座反力方向上与结点区形成的黑色虚线段为该位置结点的位移区间。

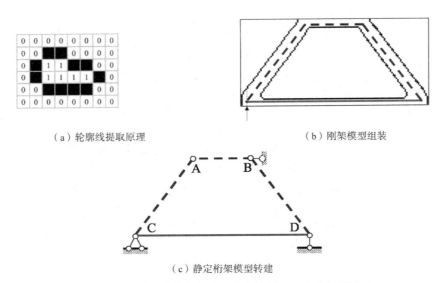

（a）轮廓线提取原理　　　　　　　　　　（b）刚架模型组装

（c）静定桁架模型转建

[图（b）、（c）中，虚线表示压杆，与之相连的水平实线表示拉杆]

图 8.4　实腹深梁算例的刚架模型组装与静定桁架模型转建

然后，对组装好的刚架模型展开力学计算，获取全部杆件的轴力与剪力。据下式计算剪力评价参数 STS：

$$STS = \frac{1}{n} \sum_{e=1}^{n} \frac{|N_e|}{|N_e| + |V_e|} \tag{8.3}$$

式中，N_e 为杆件轴力，V_e 为杆件剪力，n 为杆件数量。STS 的取值界于 [0，1]，STS=1 时表明结构杆件内只有轴力。基于工程计算精度与效率的权衡，一般可为 STS 设定一个接近 1 的下限要求，建议取 0.99。即 STS ≥ 0.99 时，表明该刚架模型内杆件的整体剪力水平足够低，允许将其刚结点全部直接替换为铰结点，以转建出桁架模型[74]；否则，需要将最大剪力所在杆件的杆端结点，调整到其周边各结点，分别再次计算 STS，选出 STS 最小值对应的该结点布置。相当于调整结点位置，以减小 STS，重复这类操作，直至满足 STS ≥ 0.99。

从严格的几何组成分析上讲，这样得到的桁架体系可能是几何可变体系，因为缺少足够的约束数目。然而，这通常是由于在当前荷载工况下，该体系已经能够满足所有的静力平衡条件，已经可以通过静力平衡条件求解全部杆件的内力，实际上已不存在自由度；或者说，即使为体系添加这些缺少的约束，这些约束的反力也为 0。因此，按照结构力学的定义，该体系实际上已经属于静定结构。如图 8.4（b）所示，为上述深梁算例构建的刚架结构模型，在将其刚结点全部直接替换为铰结点后，从几何分析上来看，显然体系会存在一个水平方向的自由度。这是因为，设计荷载工况仅两个竖直向下的集中力，在小变形假定下并不会引起体系中任何杆件或结点产生水平方向的位移。为了更严谨地符合静定桁架模型的几何组成规则，本章建议通过在合适结点处添加虚支座的方式来约束理论上仍存在的自由度。以图 8.4（c）所示上述深梁算例的桁架模型为例，在 A 点或 B 点添加水平方向的虚支座，即可使转建后的桁架模型严格符合静定结构的几何组成规则。

8.2.5　模型构建中特殊问题的处理

在拓扑解中，有时会存在宽度不一的并行力流问题，或者因复杂位移边界引起的局部模糊、未杆件化问题。针对以下两个常见的特殊问题，下面逐一进行讨论。

1. 拓扑解中的宽度不一并行力流问题

某跨中顶部单点加载的简支开双洞深梁，如图 8.5（a）所示，完成经典 BESO 后得到的拓扑解如图 8.5（b）所示。对该拓扑解的底部受拉区运用图像处理中的骨架单元识别方法，易将该区识别为单一轴线，如图 8.5（c）所示。据此先定结点，通常会建立出如图 8.5（d）所示的桁架结构模型，从而导致左下角拉杆角度与实际力流角度偏差较大，且杆件单元超出拓扑解范围，类似的情况在一般梁中也存在。

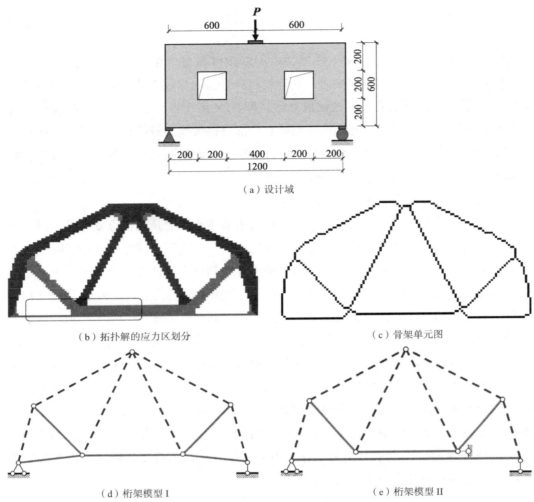

（a）设计域

（b）拓扑解的应力区划分 　　　　　　　　　　（c）骨架单元图

（d）桁架模型 I 　　　　　　　　　　　　（e）桁架模型 II

[图（b）中，深色表示与受压有关，浅色表示与受拉有关；图（d）、（e）中，虚线表示压杆，实线表示拉杆]

图 8.5　简支开洞深梁算例的桁架模型构建

值得注意的是，根据式（8.2）的定义，此处并非应力紊乱区；并且，根据拉压杆中静水结点区的平衡条件，此处力流应为上、下两股。因此，如遇类似的并行拓扑解，利用平行线根据其力流方向分割成两根杆件，建立如图 8.5（e）所示的静定桁架结构模型。

2. 复杂位移边界引起的拓扑解局部模糊和未杆件化的问题

实际工程中，常会遇到需要在构件上开洞的情形；而在洞口附近，可能因应力复杂等原因而出现拓扑解局部模糊或存在未杆件化的情况。尤其在网格尺寸较大时，这一现象更加常见和明显，这必定带来图像处理的困难。此时，需要将一些常见情形基于力流传导的思想展开归类分析，作为图像处理时可参考的先验案例。

当力流传导面临较小孔洞的阻断时，一般具备从孔洞两侧对称分流传导后再汇合的条件，如图 8.6（a）所示。最终得到的拓扑解局部，通常如图 8.6（b）所示。显然，对应的桁架结构局部为瓶形组合压杆，如图 8.6（c）所示。说明一下，图 8.6（a）、（b）中以压力流传导为例。事实上，拉力流传导遇到类似的情形，最终的桁架结构局部即为，将图 8.6（c）中拉杆与压杆互换所得到的瓶形组合拉杆。

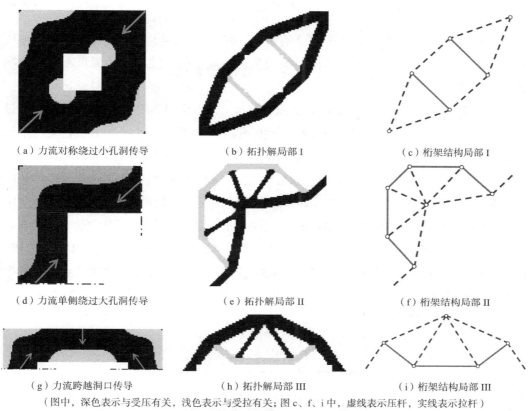

（a）力流对称绕过小孔洞传导　　　　（b）拓扑解局部 Ⅰ　　　　（c）桁架结构局部 Ⅰ

（d）力流单侧绕过大孔洞传导　　　　（e）拓扑解局部 Ⅱ　　　　（f）桁架结构局部 Ⅱ

（g）力流跨越洞口传导　　　　（h）拓扑解局部 Ⅲ　　　　（i）桁架结构局部 Ⅲ

（图中，深色表示与受压有关，浅色表示与受拉有关；图 c、f、i 中，虚线表示压杆，实线表示拉杆）

图 8.6　复杂位移边界附近的桁架模型构建杆件处理

当力流传导面临较大孔洞的阻断时，大多因受边界的限制，只具备从孔洞一侧绕流传导的条件，如图 8.6（d）所示。最终得到的拓扑解局部，通常如图 8.6（e）所示。很明显，对应的桁架结构局部为非完整轮形组合压杆，如图 8.6（f）所示。同样，图 8.6（d）、（e）中，以压力流传导为例，拉力流传导遇到类似的情形。最终的桁架结构局部即为，将图 8.6（f）中拉杆与压杆互换所得到的非完整轮形组合拉杆。

当力流传导需要跨越洞口传向两侧时，即面临受弯局部内的传导问题，如图 8.6（g）所示。最终得到的拓扑解局部，通常如图 8.6（h）所示。不难看出，对应的桁架结构局部为 Michell 型结构，是一种典型的梁式桁架结构，如图 8.6（i）所示。

8.3　基于最小应变能原理的模型评价

因建模方式及优化参数的选取不同，相同问题下常呈现出不同的桁架模型结果。因此，基于最小应变能原理定义模型评价指标：

$$H = \sum_{i=1}^{N} T_i L_i \qquad (8.4)$$

式中，T_i 为拉杆 i 的轴力，L_i 为拉杆 i 的长度。利用式（8.4）可以进行初步的模型比较，参数 H 越小，即说明建立的桁架模型越符合最小应变能原理的要求，继而表明相应的拉杆布置越优[56]。

某简支开洞异形梁算例，如图 8.7（a）所示，顶部作用集中力 $F=20kN$。BESO 过程的体积约束率取 32%，过滤半径取 3 个单元长度。根据本章介绍的方法建立静定桁架模型，过程如图 8.7（b）～（e）所示。值得注意的是，算例中网格尺寸取 5mm，结构分析与优化的计算量已较大，理论上精度应当已经足够高；但仍可以看到，图 8.7（b）所示拓扑解中上部可能因复杂应力分布而出现了图形局部模糊的情况。第 8.2.5 节中第二种情况的第 3 种先验案例正好为此类模糊区的模型建立提供了有效参考，得到如图 8.7（d）所示的刚架模型。经计算，其剪力评价参数 STS=0.993，满足剪力控制要求，因而据此直接转建出如图 8.7（e）所示的静定桁架模型。模型中，具体结点的位置坐标如表 8.1 所示。

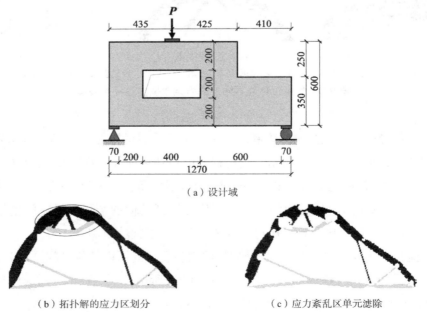

（a）设计域

（b）拓扑解的应力区划分　　　　　（c）应力紊乱区单元滤除

图 8.7　简支开洞异形梁算例的桁架模型构建（一）

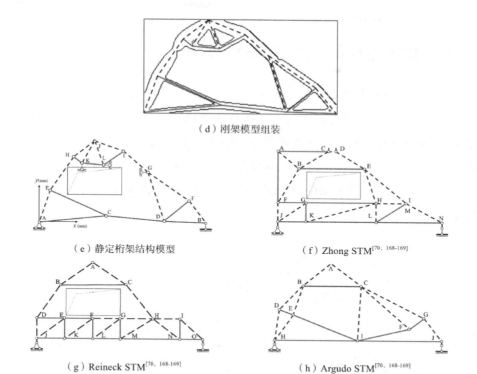

（d）刚架模型组装

（e）静定桁架结构模型

（f）Zhong STM[70, 168-169]

（g）Reineck STM[70, 168-169]

（h）Argudo STM[70, 168-169]

（图 b、c 中，深色表示与受压有关，浅色表示与受拉有关；图 d~h 中，虚线表示压杆，实线表示拉杆）

图 8.7　简支开洞异形梁算例的桁架模型构建（二）

简支开洞异形梁算例静定桁架模型的结点坐标（mm）　　　　表 8.1

结点	坐标	结点	坐标	结点	坐标
A	（0，0）	E	（85，235）	I	（630，505）
B	（1200，0）	F	（1070，165）	J	（400，600）
C	（485，50）	G	（775，370）	K	（300，430）
D	（885，10）	H	（245，475）	L	（470，415）

　　文献 [70，168-169] 中，均完成了该异形梁算例（仅比例尺不同）的拓扑优化与 STM 构建，构建的 STM 如图 8.7（f）~（h）所示。将这些 STM 缩放至与图 8.7（a）所示构件对应的尺寸，并与图 8.7（e）所示静定桁架模型进行对比。经计算，图 8.7（f）~（h）所示模型的评价指标 H 分别为 544.91kN·m、553.07kN·m 和 312.40kN·m，均大于图 8.7（e）所示模型的评价指标 H=292.16kN·m。可见，基于最小应变能原理，按本章介绍的方法建立的静定桁架模型具有一定的优势。

8.4 基于非线性有限元分析的模型验证

8.4.1 构件配筋设计

传统的 STM 设计方法在确定混凝土压杆强度足够时，通常只参照 STM 中的拉杆设计钢筋。按照这个思路，完全参照图 8.7（e）所示静定桁架模型的拉杆位置及其力学计算结果，完成配筋设计，得到配筋设计 A，仅包括图 8.8 中深色线条所示的钢筋；由于之后的有限元分析中选用钢筋无滑移模型，所以配筋设计 A 中的所有钢筋也未再增加锚固长度。

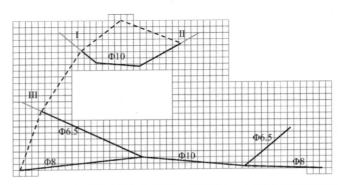

（配筋设计 A 仅包含图中深色实线条所示钢筋，配筋设计 B 包含图中所有线条所示钢筋）

图 8.8 简支开洞异形梁算例的配筋设计

开洞异形梁优化前初始域的主应力场如图 8.9 所示，图中 Ⅰ、Ⅱ、Ⅲ 区域均为瓶形受压应力场，存在较大的横向拉应力。沿其轴线方向上易产生纵向裂缝，继而引起构件失效的发生。然而，如图 8.7（b）所示的拓扑解中，该区域并未演化出如图 8.6（b）所示可参照构建出的瓶形组合压杆的局部；即完全参照静定桁架结构模型的拉杆位置布置钢筋，将会忽略瓶形受压应力场的特殊性，而不会在该应力场内设计附加横向拉

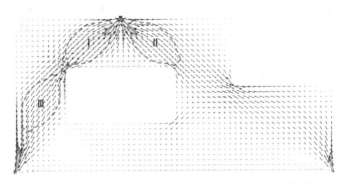

图 8.9 简支开洞异形梁算例初始拓扑的主应力分布

杆。值得注意的是，传统应力设计方法在瓶形受压应力场内构建 STM 时，通常会采用如图 8.6（c）所示的瓶形组合压杆方案。基于这方面的考虑，本节又在配筋设计 A 的基础上，在主要的瓶形受压应力场范围内增设了附加横向钢筋，得到配筋设计 B。其包括了图 8.8 中所有浅色和深色线条所示的钢筋，同样所有钢筋也未再增加锚固长度。此外，由于设计中未考虑材料强度分项系数，所以出于可靠度的考虑，偏于保守地略微增大了配筋量，具体的设计过程参考了文献 [134-135] 的相关建议。

8.4.2　仿真参数

取梁厚为 50mm，通过 ABAQUS 完成该异形梁的 2D 平面应力有限元分析。混凝土采用 CDP 模型，受压和受拉本构及相关损伤参数的定义如图 8.10（a）、（b）所示。混凝土单轴拉伸和压缩加载下的应力 - 应变关系如下式所示：

$$
\begin{cases}
\sigma_{\mathrm{t}} = (1-d_{\mathrm{t}}) E_0 \left(\varepsilon_{\mathrm{t}} - \overline{\varepsilon}_{\mathrm{t}}^{pl} \right); 0 \leqslant d_{\mathrm{t}} \leqslant 1 \\
\sigma_{\mathrm{c}} = (1-d_{\mathrm{c}}) E_0 \left(\varepsilon_{\mathrm{c}} - \overline{\varepsilon}_{\mathrm{c}}^{pl} \right); 0 \leqslant d_{\mathrm{c}} \leqslant 1
\end{cases}
\tag{8.5}
$$

式中，d_{c} 和 d_{t} 分别为混凝土受压和受拉的损伤参数，分别表征混凝土因材料发生受压或受拉损伤而导致弹性刚度相对初始值的退化程度；E_0 为混凝土材料的初始弹性刚度；$\overline{\varepsilon}_{\mathrm{c}}^{pl}$、$\overline{\varepsilon}_{\mathrm{t}}^{pl}$ 分别为受压、受拉等效塑性应变。钢筋的本构关系如图 8.10（c）所示。

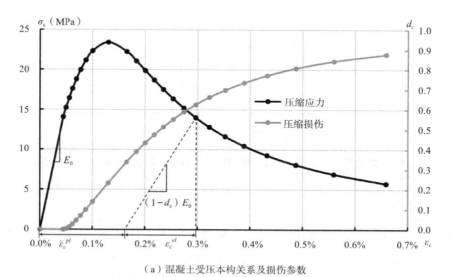

（a）混凝土受压本构关系及损伤参数

图 8.10　简支开洞异形梁算例非线性有限元仿真中采用的材料本构关系（一）

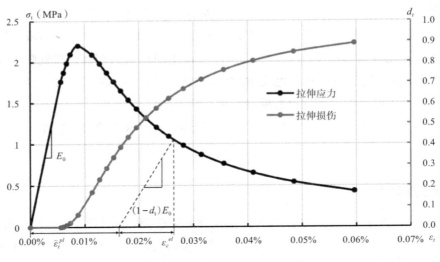

（b）混凝土受拉本构关系及损伤参数

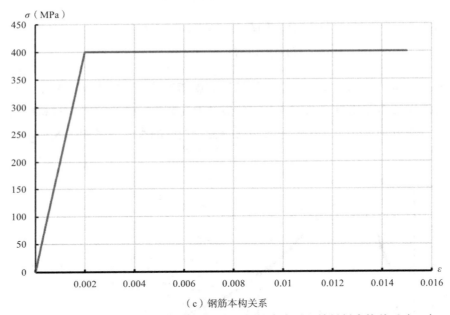

（c）钢筋本构关系

图 8.10　简支开洞异形梁算例非线性有限元仿真中采用的材料本构关系（二）

8.4.3　仿真结果

　　两种配筋设计的构件，相应的荷载位移曲线如图 8.11 所示。从图 8.11 中可以看出，两者的极限荷载接近；但配筋设计 B 的变形能力远远大于配筋设计 A，即其延性较配筋设计 A 要大得多。其中，两条曲线的第一个下降段都是由区域 I 产生的瓶形受压应力场纵向裂缝所致。但不同的是，配筋设计 A 因这条裂缝的出现和快速发展而直接引起构件失效，呈现出显著的脆性破坏，最终的破坏形态如图 8.12（a）所示；而配筋设计 B 中，增设的瓶形受压应力场附加横向钢筋（即图 8.8 中深色线条所示的钢筋）对该裂缝的发展起到了明显的约束作用，有效地大幅延迟了破坏的发生；同时，也改变了破坏形态，使构件有了明显的延性，最终的破坏形态如图 8.12(b)所示。显然，配筋设计 B 的破坏形态更符合工程设计的要求。

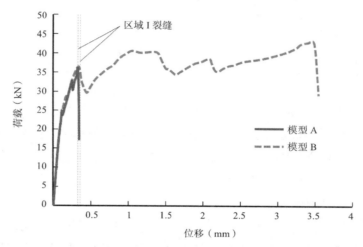

图 8.11 简支开洞异形梁算例非线性有限元仿真得到的荷载－位移曲线

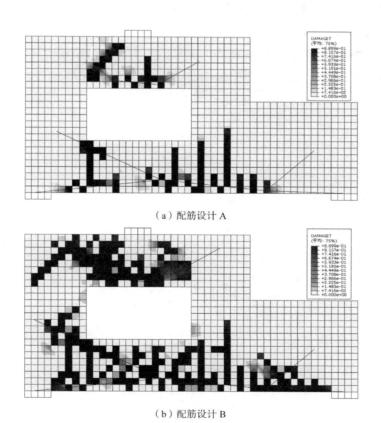

（a）配筋设计 A

（b）配筋设计 B

图 8.12 简支开洞异形梁算例非线性有限元仿真得到的混凝土受拉损伤图

由此可知，静定桁架结构模型可以较准确地指示混凝土薄弱区域所在。参照模型中的拉杆完成配筋设计，直观而便捷。但建议仍要结合初始域的主应力场进行设计。当该场中存在瓶形受压应力场时，除了参照静定桁架模型的拉杆位置设计钢筋外，还应当在瓶形受压应力场范围内增设作为拉杆的附加横向钢筋，使结构的延性得到更有力的保障。

8.5 本章小结

（1）针对为类杆系结构的拓扑解运用图像处理技术，先确定杆件倾角，确保其与主应力流方向吻合后再确定结点；组装出刚架模型后，微调结点直至该结构杆件剪力足够小；最后，将刚结点替换为铰结点，以改建出静定桁架模型。当拓扑解中存在宽度不一的并行力流、模糊或未杆件化区域的问题，继而带来的模型建立不准确或其他困难时，参考常见情况的先验案例可以得到解决。

（2）本章介绍的静定桁架模型构建方法，不仅过程较系统、客观，构建出的模型能良好地反映构件的传力路径；而且，基于最小应变能原理进行评价，相比当前文献中介绍的其他方法，能构建出更优的静定桁架模型。

（3）建立出静定桁架模型后，依据力学分析得到的拉杆受力结果，辅助完成混凝土受拉薄弱区的钢筋设计，可以提高构件的承载能力。当初始域中局部存在瓶形受压应力场时，还应在该场范围内增设附加横向钢筋，以提升结构的变形能力和延性。

第9章 渐进演化类算法的构件设计应用与验证

9.1 概述

实际上，前面的章节中所介绍的内容，都是从增强寻优能力、提高计算效率、拓展适用性能和拓宽应用领域等方面，推动 ESO 算法在土木工程，特别是混凝土结构设计中的应用。以合理化混凝土复杂受力构件的设计为主要任务，以期达到完善混凝土结构设计理论和体系的目的。

前面的章节中也提到，混凝土复杂受力构件是一个大类，包含了应力场复杂和不符合平截面假定等的诸多构件类型。高层框架 - 剪力墙、剪力墙结构中的连梁、框支梁等，常采用深受弯构件；基础工程中柱下独立两桩承台，当桩距与承台有效高度之比小于 5 时，从其受力性能上来看，也属于深受弯构件的范畴。深受弯构件还可细分为短梁和深梁，但不管是哪种，受竖向荷载时截面应变分布已显著地不能符合平截面假定，因而属于复杂受力构件。桥梁工程中，为保持高承载能力的同时减轻自重而普遍采用的箱梁，其内部为空心状，上部两侧有翼缘。由于多应用于大跨结构，基于变形和裂缝的控制，通常还需要为其施加预应力。显然，这也是一种处于复杂受力状态的大型构件。对于这些功能不同、规模各异的复杂受力构件，在引入 ESO 类算法作为设计指导时，不可能使用一概而论的方法，而应当根据各自类别的受力特性，有针对性地开展。

因此，本章将分别以混凝土短梁、深梁和箱梁为对象，运用 ESO 算法得到拓扑解，以指导设计的开展；再通过仿真或试验手段，揭示构件的受力机理，探讨构件的力学性能，同时也是对 ESO 算法在混凝土结构中设计能力的一种验证。

9.2 短梁设计

9.2.1 算例概况

钢筋混凝土无腹筋短梁，基本尺寸为 3000mm × 1000mm × 200mm。混凝土采用 C30，弹性模量为 3×10^{10}Pa，泊松比为 0.3。纵筋采用 HRB335，直径为 20mm，弹

性模量为 2×10^{11}Pa，泊松比为 0.2，保护层厚度为 30mm，间距为 40mm，在底部布置一排 4Φ20 的纵筋，其余尺寸如图 9.1 所示。该短梁共有两种工况：工况一为集中荷载作用，设计荷载大小为 F=340kN；工况二为均布荷载作用，设计荷载大小为 q=1500kN/m^2；两端支座上和集中加载点下均设有 200mm 宽的刚性垫块，防止局部承压破坏。

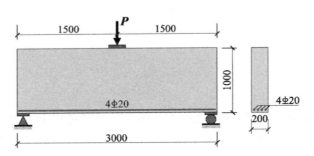

图 9.1　钢筋混凝土无腹筋短梁算例的设计域

国内对于钢筋混凝土短梁的设计，一直沿用偏于保守的经验设计方法。虽然极限承载力一般能得到足够保证，但构件的材料利用率往往偏低，构件的延性也难以保障；国外对于这类构件的设计采用较多的是 STM 方法，但是这类方法也存在一些问题，如 STM 的建立不具有唯一性[6]；已完成的试验研究较少且试件的破坏形态难以预料。此外，钢筋混凝土短梁底部混凝土开裂后会立即退出工作，仅受拉纵筋仍继续承担拉应力。而根据弹性力学中的圣维南原理[170]，梁两顶角部分的应力处于较低的水平，梁中受力的核心骨架可能为一个类似拱的区域。这种现象甚至在一定程度上提高了构件的受弯承载力，通常被称为"内拱效应"。根据结构力学[171]中的相关理论，拱可以作为一种理想的受压构件。该部分受压的混凝土拱和底部的纵筋共同作用，构成一个"拉杆 - 拱"的受力体系[172]。

因此，对该短梁算例的研究，将从拓扑优化入手，为短梁演化的拓扑解寻求相关理论支撑；再对不同荷载作用下的钢筋混凝土短梁和与其拓扑解对应的结构开展数值仿真对比；探明短梁受荷后的传力路径和剖析其受力机理后，形成概念设计思路，为日后的短梁工程设计提供参考。

9.2.2　短梁的拓扑解

以平面 4 节点矩形单元把钢筋和混凝土当成一种复合材料，以单元应变能为灵敏度，利用 MATLAB 编程，对钢筋混凝土无腹筋短梁算例开展了 BESO，具体实现流程参照文献 [118]。集中荷载作用下，该算例的 BESO 过程与最终的拓扑解如图 9.2 所示。

其中，图 9.2（a）为优化初始域，划分单元为 25mm×25mm 的四边形单元。由图 9.2（a）~（c）可以看出，在集中荷载作用下，首先删除了应力较小的梁顶两端角部和梁腹的部分单元；在优化的后半段，腹部的单元不断被删除；最终，演化出由加载点与支座连线部分作为压杆，两端支座间以拉杆相连的拓扑解，如图 9.2（d）所示。

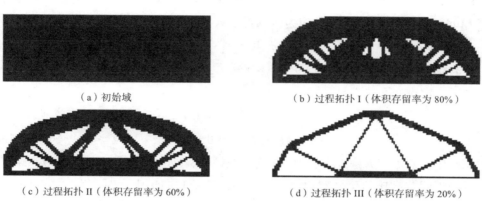

（a）初始域　　　　　　　　　　　　（b）过程拓扑 I（体积存留率为 80%）

（c）过程拓扑 II（体积存留率为 60%）　　　　（d）过程拓扑 III（体积存留率为 20%）

图 9.2　集中荷载作用下钢筋混凝土无腹筋短梁算例的 BESO

同法，完成均布荷载作用下该算例的 BESO。其中，优化初始域同样如图 9.2（a）所示。优化开始后，单元删除同样从腹部开始，这是因为这个区域是相对应力最小的区域；然后，开始小幅地逐步淘汰梁顶两端角部的单元。与集中荷载作用不同的是，随着优化的进行，受压的区域向拱形演化。一方面，拱顶保留了离散的压杆，以继续传递力；另一方面，压力主要依靠拱形区域传递，梁腹的压杆一直较少，最终演化出由梁腹中拱形区域为压杆、两端支座间以拉杆相连的拓扑解，如图 9.3 所示。

图 9.3　均布荷载作用下钢筋混凝土无腹筋短梁算例的 BESO 拓扑解

（体积存留率为 50%）

此外，由图 9.2（d）、图 9.3 不难推断，简支短梁在集中荷载和均布荷载下的拓扑解所包含的单元均主要分布在主拉应力和主压应力迹线上。这说明，拓扑优化可以直观地得到构件在指定荷载下的传力路径，即拓扑解映射出传力路径。以上算例的优化结果也间接表明，桁架和拉杆 - 拱分别是集中荷载和均布荷载作用下短梁中的核心受力骨架。

9.2.3 短梁的 Michell 桁架解

Michell[173-176] 在 1904 年，用解析分析的方法研究了在给定约束、荷载作用下得到最优结构所应满足的条件，即 Michell 桁架准则。随后，Hemp[111] 证明了 Michell 桁架结构的体积最小。通过 Michell 桁架理论，可以求得结构的满应力状态下的解析解。根据 Michell 准则，最优结构的应力应满足下式：

$$-\sigma_c \leqslant \sigma \leqslant -\sigma_t \tag{9.1}$$

式中，σ 为构件的应力，σ_c 和 σ_t 为受压构件和受拉构件的允许应力。

同时，虚应变 $\bar{\varepsilon}$ 应满足下式：

$$\bar{\varepsilon}=k \cdot \text{sgn} f \ (f \neq 0) \tag{9.2}$$

$$\bar{\varepsilon} \leqslant k \ (f \neq 0) \tag{9.3}$$

式中，k 为正常数；f 为构件中的力；在构件受拉时，$\text{sgn} f=1$；受压时，$\text{sgn} f=-1$。

对于不同跨高比的深受弯构件，在跨中顶部受竖向集中力时，满足 Michell 准则的桁架解通常如图 9.4（a）所示。其主要由下部弧形拉杆和加载点与拉杆垂直连线的压杆组成。而当设计域受限时，Michell 桁架解的弧形拉杆可能被"切断"，如图 9.4（b）所示。文献 [67] 的研究表明，当跨高比小到一定的程度时，在结构内部将不再有与拉杆垂直连线的压杆，所以短梁设计域内对应的 Michell 桁架解如图 9.4（c）所示。压杆为加载点与支座的连线，拉杆为与压杆垂直的分段弧形杆及支座连线上的杆件。

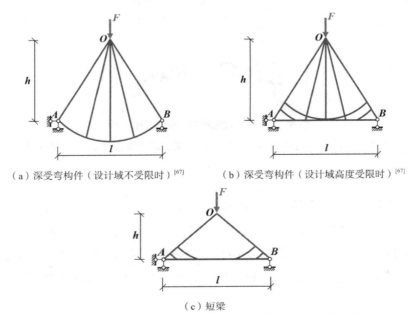

（a）深受弯构件（设计域不受限时）[67]　　　（b）深受弯构件（设计域高度受限时）[67]

（c）短梁

图 9.4　跨中顶部集中力作用下深受弯构件的 Michell 桁架解

在跨中顶部受竖向均布力时，将均布力离散为多点集中力，短梁设计域内对应的 Michell 桁架解如图 9.5 所示。主要受压杆件为拱圈，加载面与拱圈之间通过拱圈上的直压杆进行传力，拉杆与集中荷载作用下的 Michell 桁架解类似。

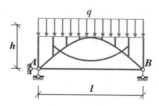

图 9.5　多点集中荷载力仍作用下短梁的 Michell 桁架解

图 9.4（c）、图 9.5 所示的 Michell 桁架解，分别与图 9.2（d）、图 9.3 所示的拓扑解高度吻合，从而使拓扑优化获取最大程度满应力解的能力也得到了证实。因此，工程中通过拓扑优化获得构件传力路径以指导设计，有了可行性和可靠性。

9.2.4　有限元仿真分析

以 ABAQUS 有限元软件为平台，分别完成了以上钢筋混凝土短梁算例在集中荷载工况和均布荷载工况下的有限元仿真分析。仿真中，分别以 C3D8R 单元和 T3D2 单元模拟混凝土与钢筋。混凝土本构关系选用《混凝土结构设计规范》GB 50010—2010[133] 附录 C 推荐的混凝土单轴应力 - 应变曲线 [图 9.6（a）]。采用塑性损伤模型，该模型采用损伤因子对其受拉或受压损伤进行评价，0 为无损伤，1 为完全破坏；钢筋本构关系采用双线性等向强化模型，即用双直线描述钢筋的应力 - 应变关系，如图 9.6（b）所示。混凝土单元尺寸为 50mm，钢筋单元尺寸为 30mm。桁架结点处，对单元进行了加密。

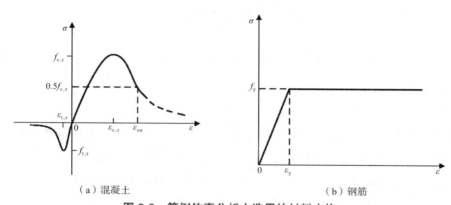

（a）混凝土　　　　　　　　　　　　　（b）钢筋

图 9.6　算例仿真分析中选用的材料本构

为了进一步探讨拓扑解描述传力路径的准确性，按照集中荷载作用下该短梁算例的拓扑解建立三角形桁架结构。其由混凝土压杆、钢筋拉杆及结点组成，边界与钢筋混凝土边界相切，混凝土压杆宽度为250mm，详细尺寸如图9.7（a）所示；同法，按照均布荷载作用下该短梁算例的拓扑解建立拉杆-拱结构。其由抛物线混凝土拱、钢筋拉杆及结点组成，边界与钢筋混凝土边界相切，拱圈宽度为200mm，如图9.7（b）所示。三角形桁架算例和拉杆-拱算例中，钢筋拉杆布置、约束方式等及其他参数均与短梁算例完全相同。对以上钢筋混凝土三角形桁架算例和拉杆-拱算例同样完成有限元仿真分析，与短梁算例的仿真结果进行对比。

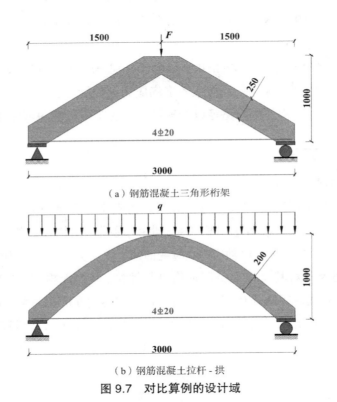

（a）钢筋混凝土三角形桁架

（b）钢筋混凝土拉杆-拱

图9.7　对比算例的设计域

下面，从混凝土应力与裂缝、钢筋应力及构件变形等几个方面，对有限元仿真分析结果进行讨论。

1. 混凝土应力与裂缝

集中荷载作用下，钢筋混凝土短梁算例的混凝土 Mises 应力及裂缝分布分别如图9.8（a）、（b）所示。将三角形桁架算例中混凝土压杆部分的形状叠加在构件的裂缝分布图上，短梁被划分为区域 I、区域 II、桁架区和损伤区四个部分，如图9.8（c）所示。从图9.8（a）可明显看出，图9.8（c）中区域 I 和区域 II 的应力处于较低的水平，甚至接近 0。这说明，此区域内的材料未被充分利用，根据圣维南原理也不难解释这一现象。由图 9.8（b）可知，跨中的垂直弯曲裂缝和支座与加载点之间的斜向裂缝共同形成了如图 9.8（c）所示的损伤区。此区域内的混凝土较早地退出抗拉工作且应力水平较低，这也可以从图 9.8（a）中看出。图 9.8（c）中的桁架区域与图 9.8（a）的高应力区几乎重合。其中，大部分单元的 Mises 应力在 8～14MPa 之间，该区域内仅存在少量裂缝。这也再次证明了在集中荷载作用下，三角形桁架是短梁的核心骨架。

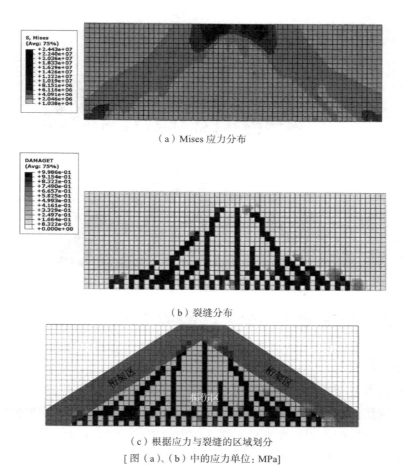

（a）Mises 应力分布

（b）裂缝分布

（c）根据应力与裂缝的区域划分

[图（a）、（b）中的应力单位：MPa]

图 9.8　集中荷载作用下钢筋混凝土无腹筋短梁算例的混凝土仿真分析结果

均布荷载作用下，钢筋混凝土短梁算例的混凝土 Mises 应力及裂缝分布分别如图 9.9（a）、（b）所示。同样，将拉杆-拱算例中混凝土主拱圈部分的形状叠加在构件的裂缝分布图上，短梁被划分为了四个部分。图 9.9（c）中的主拱区与图 9.9（a）的高应力区域几乎重合。其中，大部分单元的 Mises 应力为 5～11MPa。因此，在均布荷载作用下，拉杆-拱是短梁的核心骨架。

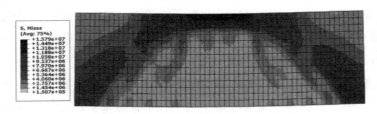

（a）Mises 应力分布

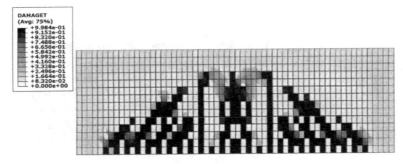

（b）裂缝分布

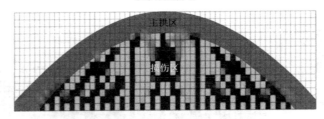

（c）根据应力与裂缝的区域划分

[图（a）和（b）中的应力单位：MPa]

图 9.9　均布荷载作用下钢筋混凝土无腹筋短梁算例的混凝土仿真分析结果

2. 钢筋应力

集中荷载作用下，对比算例的钢筋应力分布如图 9.10（a）、（b）所示。从图中可以看出，钢筋混凝土短梁算例中纵筋的 Mises 应力水平为 150～170MPa；钢筋混凝土三角形桁架算例中钢筋拉杆的 Mises 应力水平为 182～189MPa。由此可知，短梁算例中纵筋的平均拉应力水平与三角形桁架算例中钢筋拉杆的较为接近，仅低于其 10%～15%。此外，由于三角形桁架算例中钢筋拉杆（除结点外）没有混凝土的包裹，因而其全长范围内应力分布更均匀。较之短梁算例中的纵筋，其主要受拉部分更长。均布荷载作用下，对比算例的钢筋应力分布如图 9.10（c）、（d）所示。从图中可以看出，受到钢筋与混凝土粘结应力的影响，钢筋混凝土短梁算例中纵筋中部应力最大，达到 230MPa；而钢筋混凝土拉杆 - 拱算例中的钢筋拉杆，除端点外均处于无粘结状态。全长范围内，应力分布更加均匀，其最大拉应力达到 290MPa，接近屈服。从总体的平均拉应力水平来看，短梁算例中的纵筋与拉杆 - 拱算例中的钢筋拉杆较为接近，前者仅低于后者 20% 左右。

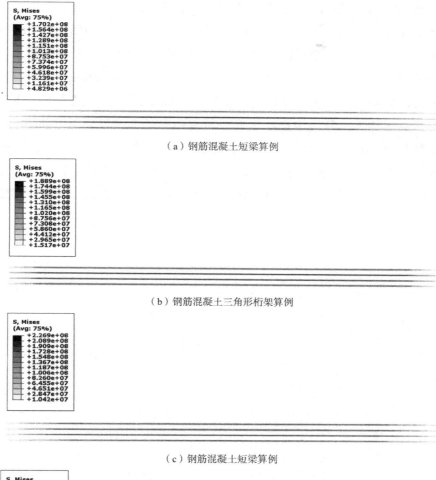

（a）钢筋混凝土短梁算例

（b）钢筋混凝土三角形桁架算例

（c）钢筋混凝土短梁算例

（d）钢筋混凝土拉杆 - 拱算例

图 9.10　均布荷载作用下对比算例的钢筋 Mises 应力分布（应力单位：MPa）

3. 构件变形

仿真构件的荷载 - 跨中挠度曲线，如图 9.11 所示。集中荷载作用下，由图 9.11（a）可以看出，达到设计荷载 340kN 时钢筋混凝土三角形桁架算例的跨中挠度值为

2.38mm；并且，该值随着荷载增加基本呈线性增长，说明该三角形桁架在加载过程中基本处于弹性阶段；当荷载超过150kN后，由于混凝土损伤积累的存在，钢筋混凝土短梁算例的跨中挠度随荷载增加而表现出明显的非线性增长，达到设计荷载340kN时跨中挠度值为1.59mm，约为三角形桁架算例的2/3。类似，由图9.11（b）可以看出，钢筋混凝土拉杆-拱算例的跨中挠度在加载过程中始终基本保持线性增长的状态，说明该拉杆-拱一直保持在弹性受力阶段。达到设计荷载1500kN/m² 时，其跨中挠度值为3.59mm；而钢筋混凝土短梁算例在加载至600kN/m² 以前，基本处于弹性阶段；随后，荷载继续增大，其跨中挠度也开始呈现明显的非线性增长。达到设计荷载1500kN/m² 时，跨中挠度值为2.28mm，约为拉杆-拱算例的63%。以上对比均说明，短梁在集中荷载作用下，除了与三角形桁架相应的区域之外的混凝土部分；以及它在均布荷载作用下，除了与拉杆-拱相应的区域之外的混凝土部分，对结构刚度的贡献不可忽略。

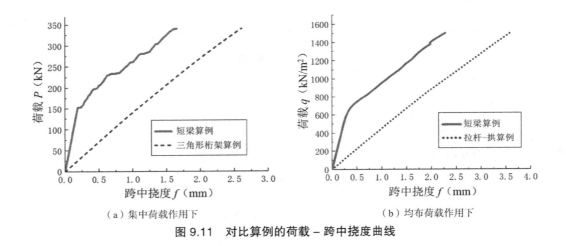

（a）集中荷载作用下　　　　　　　　　　　　（b）均布荷载作用下

图 9.11　对比算例的荷载 – 跨中挠度曲线

总的来说，在集中荷载和均布荷载作用下，两端简支钢筋混凝土短梁的核心受力骨架分别为三角形桁架和拉杆-拱；或者换个角度，这些结构也描述了相应荷载下其内部的主要传力路径。因此，实际工程设计中，可以根据将集中荷载下的短梁设计为桁架、均布荷载下设计为拉杆-拱，或者对其中主要传力路径对应的部分进行加强，而弱化其余受力较低的区域。

9.2.5　短梁优化设计思路

接下来，讨论基本拓扑优化的短梁概念设计。通过拓扑优化获得拓扑解，进而获取短梁类构件的主要传力路径后，实现设计指导可以有以下三种思路。

1. 基于 STM 的构件辅助设计

对于小型常规混凝土结构构件，通常体形简单。而由于混凝土本身材料非匀质，并且拉压性能相差较大，基于对构件的功能性与其塑性变形产生应力重分布后的安全性，先将主要传力路径转化为 STM，完成模型的力学分析；再依据分析结果进行设计，是一条较为可行的道路。主要传力路径以外的材料在力学分析中可以忽略，因为 STM 本质上是桁架模型。但从上一小节中对比算例有限元仿真分析的构件变形结果可知，短梁中核心受力骨架虽然为主要传力路径部分，但其余部分对构件刚度的贡献不可忽视，因此在施工中也可保留传力路径区域以外的材料。以受到集中荷载作用时为例，具体的设计可按如下步骤：

（1）将主要传力路径（可由拓扑解得）转化为由拉杆、压杆与结点组成的 STM（图 9.12）；

（2）根据 C-C-C、C-C-T、C-T-T 等不同的结点类型，计算结点承载力；

（3）根据截面上的力与力矩平衡，计算受压区高度；

（4）根据拉杆的受力分析结果进行配筋设计；

（5）验算压杆与结点强度；

（6）增设构造措施，如分布钢筋布置、拉杆锚固等。

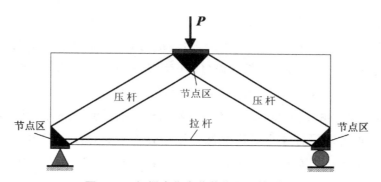

图 9.12　短梁在集中荷载作用下的 STM

2. 结构或构件选型参考

在大型混凝土结构和构件中，如工程中通常采用箱形截面的构件，出于降低自重的考虑，通过拓扑优化寻得构件的传力路径后，可去除传力路径区域以外的材料，仅根据荷载、承载力目标或刚度目标针对传力路径区域进行量化计算。这种设计方式可以更高效地利用材料，并且最大限度地降低结构自重。

3. 基于工程混凝土 3D 打印技术的构件制备

对于一些功能需求或其他原因，需要按照拓扑解去除全部或部分传力路径区域以外材料的特殊混凝土结构构件，如果按传统工艺进行现场施工，势必难度较大、可行性不足。此时，可以采用工程混凝土 3D 打印技术进行构件制备。如以装配整体式的施工方式，先分段打印，通过 3D 打印混凝土，以预制每个分段的一部分，预留好钢筋位置；同时，将这些部分作为接下来现浇的模板；然后，再布筋和现浇余下的部分，将各分段又浇筑成整体。也可以利用当前更成熟的 3D 打印材料，实现特殊混凝土模板制作，再进行现场施工。当然，如果是相同构件批量生产时，也可以改为由工厂化预制、再现场装配的方式。

9.3 深梁设计

9.3.1 试件概况与设计

出于对比，本节共按两种方法完成了钢筋混凝土开洞深梁设计，分别为按我国规范推荐的经验设计方法和基于拓扑优化的 STM 方法。

按第一种方法设计的 4 个试件，编号分别为 KSL-1-E、KSL-2-E、KSL-3-E 和 KSL-4-E。根据我国《混凝土结构设计规范》GB 50010—2010[133] 附录 G 的要求，首先按无孔深梁对这些试件进行计算和设计；再按该规范中的构造要求在孔洞周边适当配置加强钢筋。试件几何尺寸总长均为 1365mm，截面高度为 750mm，截面宽度为 160mm，支座间的距离为 1125mm。每个试件各有两个对称洞口，洞口尺寸分别为 200mm × 200mm、200mm × 200mm、300mm × 300mm、400mm × 400mm，具体几何尺寸及配筋如图 9.13 所示。混凝土设计强度等级为 C30，纵向受力钢筋采用 HRB335 级，其他钢筋采用 HPB300 级。按预设材料设计值进行初步设计时，前 3 个试件的设计受剪承载力均为 300kN，试件 KSL-4-E 的设计受剪承载力为 200kN。由于按经验方法，未考虑洞口的影响，按实际材料强度标准值核算的受剪承载力均为 542kN。

再按第二种方法设计 4 个对比试件，编号分别为 KSL-1-S、KSL-2-S、KSL-3-S 和 KSL-4-S。对以上已按经验方法完成设计的 4 个试件，首先，采用 GESO 方法分别构造了 STM，如图 9.14 ~图 9.17 所示；其中，图 9.14 ~图 9.17（b）为达到优化条件时"存活"单元的可视化图形，图 9.14（c）~图 9.17（c）为根据这些图形建立的 STM；然后，依照 STM 的力学计算结果以及美国规范[134] 中相应的设计方法和构造措施完成试件配筋设计，具体几何尺寸及配筋如图 9.18 所示。同样，混凝土设计强度等级为 C30，受力钢筋选用 HRB335 级，分布钢筋选用 HPB300 级。试件的极限荷载都由压杆的受压承载力控制，按预设材料设计值进行初步设计时，试件 KSL-1-S、KSL-2-S、KSL-3-S、KSL-4-S 的受压承载力分别为 401kN、630kN、440kN 和 241kN。

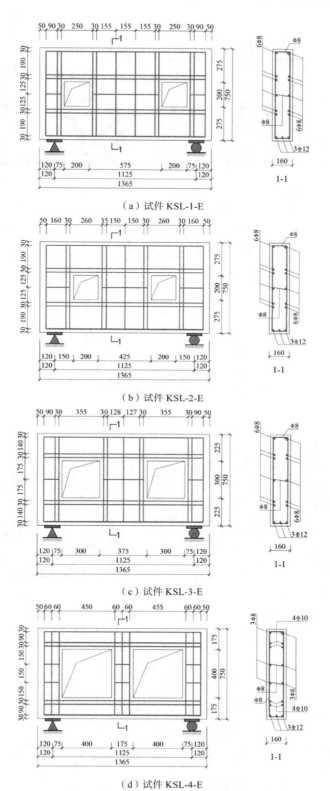

（a）试件 KSL-1-E

（b）试件 KSL-2-E

（c）试件 KSL-3-E

（d）试件 KSL-4-E

图 9.13　按经验方法设计的试件配筋方案

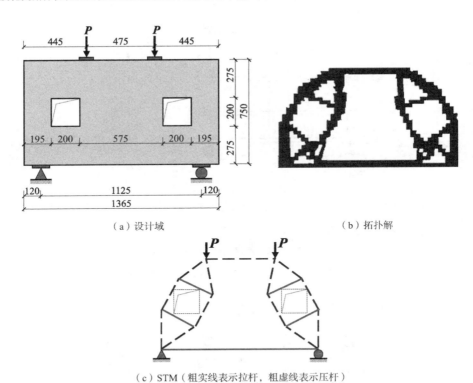

（a）设计域　　　　　　　　　　　　　　　　　　（b）拓扑解

（c）STM（粗实线表示拉杆，粗虚线表示压杆）

图 9.14　试件 KSL-1-S 的优化构建 STM

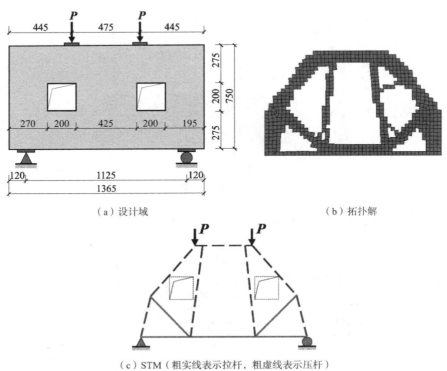

（a）设计域　　　　　　　　　　　　　　　　　　（b）拓扑解

（c）STM（粗实线表示拉杆，粗虚线表示压杆）

图 9.15　试件 KSL-2-S 的优化构建 STM

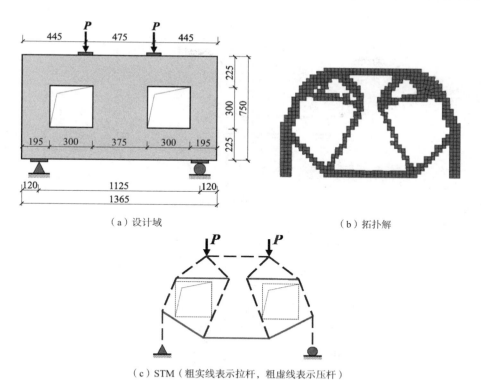

（a）设计域

（b）拓扑解

（c）STM（粗实线表示拉杆，粗虚线表示压杆）

图 9.16　试件 KSL-3-S 的优化构建 STM

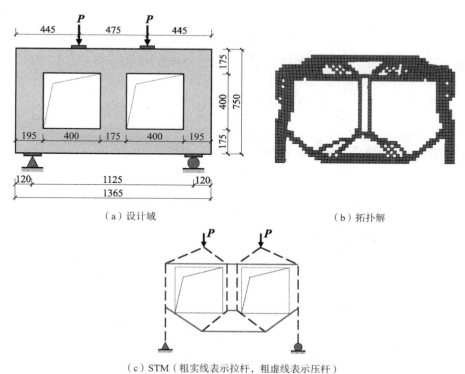

（a）设计域

（b）拓扑解

（c）STM（粗实线表示拉杆，粗虚线表示压杆）

图 9.17　试件 KSL-4-S 的优化构建 STM

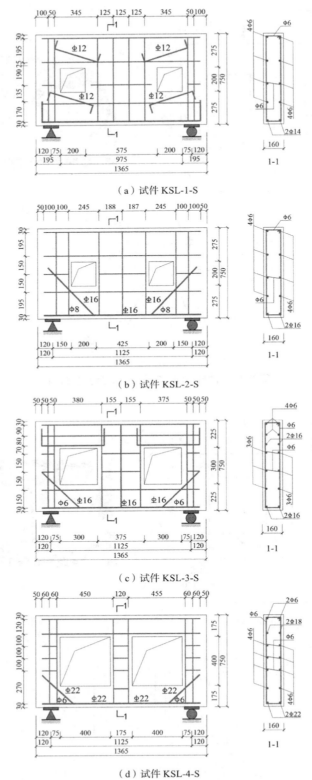

（a）试件 KSL-1-S

（b）试件 KSL-2-S

（c）试件 KSL-3-S

（d）试件 KSL-4-S

图 9.18　按 STM 方法设计的试件配筋方案

为了形成试验对比，将试件 KSL-1-S、KSL-2-S、KSL-3-S、KSL-4-S 与试件 KSL-1-E、KSL-2-E、KSL-3-E、KSL-4-E 依次对应地分为 4 组，如将 KSL-1-S 和 KSL-1-E 分成第 1 组，依此类推。由以上设计过程可知，各组对比试件几何尺寸和洞口设置均相同，仅配筋方式不同，按照经验方法设计的试件，在洞口四周采用分布钢筋进行补强；而按照 STM 设计的试件，则在洞口角部拉杆的位置配置受力钢筋。从最终的配筋设计图可以看出，与经验方法相比，STM 方法设计的试件钢筋配置更加集中，分布钢筋配置较少。

9.3.2　试件用材料性能

试件制作时，每组 2 个试件同时浇筑，每次浇筑时预留 3 个边长为 150mm 的立方体试块。按标准条件养护后，在 200t 电液式压力试验机上测得混凝土立方体抗压强度平均值 f_{cu}，根据《混凝土结构设计规范》GB 50010—2010[133] 换算成轴心抗压强度 f_c'，试件的混凝土材料性能见表 9.1。截取与试件用的同批次钢筋，每种型号预留 3 根，在 100t 液压式万能试验机上进行钢筋性能测试，分别得到钢筋屈服强度和抗拉强度的平均值，钢筋材料性能见表 9.2。

混凝土立方体材料性能　　　　　　　　　　　　　　　　　表 9.1

试件分组	试件编号	f_{cu}（MPa）	f_c'（MPa）
第 1 组	KSL-1-E，KSL-1-S	29.5	23.6
第 2 组	KSL-2-E，KSL-2-S	29.9	23.9
第 3 组	KSL-3-E，KSL-3-S	32.7	26.1
第 4 组	KSL-4-E，KSL-4-S	35.8	28.7

钢筋力学性能　　　　　　　　　　　　　　　　　　　　表 9.2

钢筋强度等级	直径（mm）	f_y（MPa）	ε_y（$\times 10^{-6}$）	f_u（MPa）
HPB300	6	518	2467	742
	8	590	2809	795
	10	488	2352	550
HRB335	12	497	2483	626
	14	451	2253	517
	16	438	2190	565
	18	396	1980	526
	22	456	2279	577

注：f_y、ε_y、f_u 分别为钢筋的屈服强度、屈服应变和抗拉强度。

9.3.3 试验加载方案

试验为静力加载，加载设备采用 200t 液压千斤顶和液压加载系统，试验加载示意图见图 9.19。为了防止试件侧向失稳，在试件两侧加装了侧向支撑。

试验开始后，首先进行预加载，不超过预估开裂荷载的 70%；然后，进行正式加载。开裂前，每级荷载 F_i 约为预估开裂荷载的 10%；加至预估开裂荷载的 90% 后，每级荷载减半为 $F_i/2$；开裂以后，每级荷载为 F_i；加载到设计受剪或受压承载力的 90% 后，再次将每级荷载减半为 $F_i/2$，直至试件达到受剪或受压承载力极限而失效。

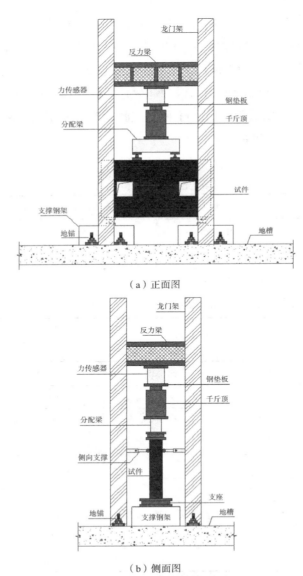

（a）正面图

（b）侧面图

图 9.19　加载装置

9.3.4　测点布置及量测内容

　　试验的量测内容主要包括荷载、挠度、应变及裂缝。荷载由置于液压千斤顶下的力传感器采集。应变通过浇筑混凝土前布置在钢筋笼上的钢筋应变片和养护到龄期后布置在梁侧表面的混凝土应变片，采用东华 DH3818 静态应变测试仪进行采集。应变片的测点布置（以第 3 组试件为例）如图 9.20 所示，钢筋上的应变片主要布置在纵筋远离锚固端的中部。为观察其受力及屈服情况，分布钢筋上布置少量应变片观察其

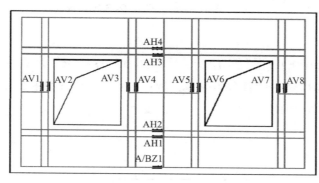

（a）试件 KSL-3-E 钢筋

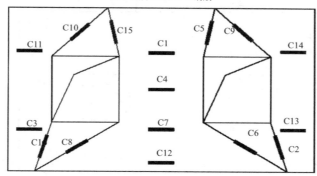

（b）试件 KSL-3-E 混凝土

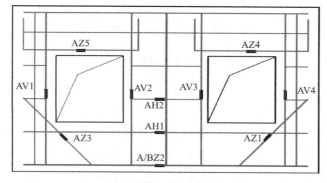

（c）试件 KSL-3-S 钢筋

图 9.20　试件 KSL-3-E 和试件 KSL-3-S 应变测点布置（一）

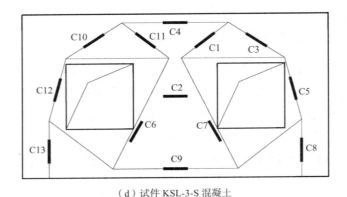

（d）试件 KSL-3-S 混凝土

图 9.20 试件 KSL–3–E 和试件 KSL–3–S 应变测点布置（二）

对拉杆和斜压杆的影响，混凝土应变片主要布置在压杆位置观察受压的应力流。挠度主要由设置在跨中梁底的百分表采集，测点布置（各组试件相同）如图 9.21 所示。裂缝由手持式裂缝观测仪进行描绘，全部数据均逐级记录。

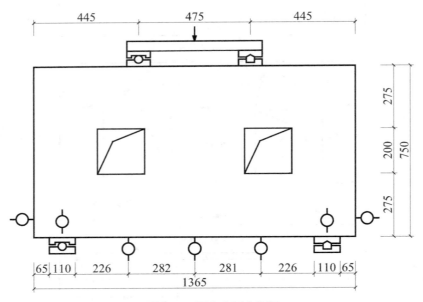

图 9.21 百分表测点布置

9.3.5 裂缝与破坏形态

各试件的裂缝开展情况如图 9.22 所示，最终控制破坏的裂缝及混凝土剥落情况如图 9.23 所示。两侧的裂缝编号以大小写字母区分，由于荷载和结构均对称，对称位置上两条走势大致相同的裂缝编为相同的数字，例如：C-2 为左侧洞口上部外角与左加载点相连的裂缝，c-2 即为右侧洞口上部外角与右加载点相连的裂缝。

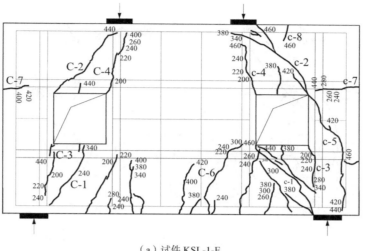

（a）试件 KSL-1-E

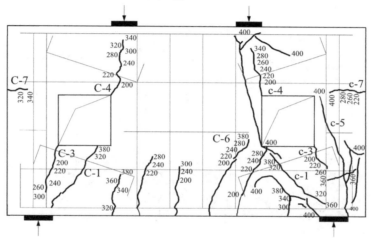

（b）试件 KSL-1-S

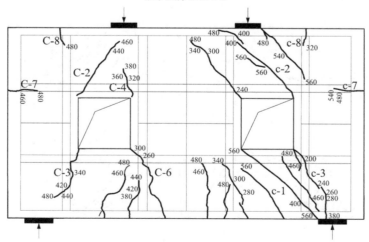

（c）试件 KSL-2-E

图 9.22　各试件裂缝开展（一）

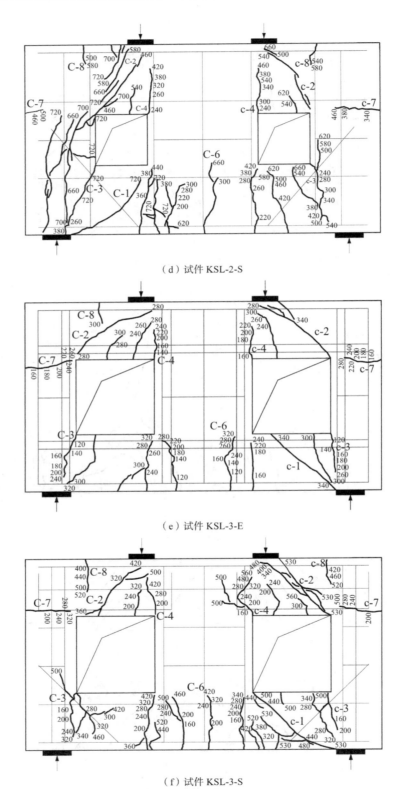

（d）试件 KSL-2-S

（e）试件 KSL-3-E

（f）试件 KSL-3-S

图 9.22　各试件裂缝开展（二）

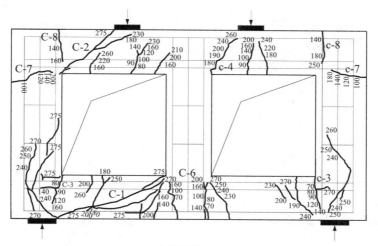

（g）试件 KSL-4-E

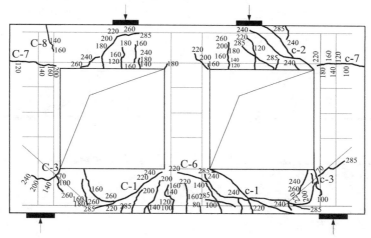

（h）试件 KSL-4-S

（未注明单位的数字为裂缝开展对应的荷载，单位：kN）

图 9.22　各试件裂缝开展（三）

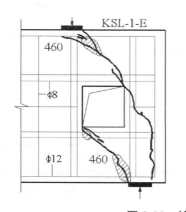

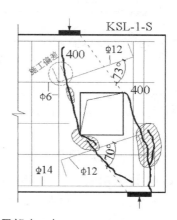

图 9.23　控制破坏的局部（一）

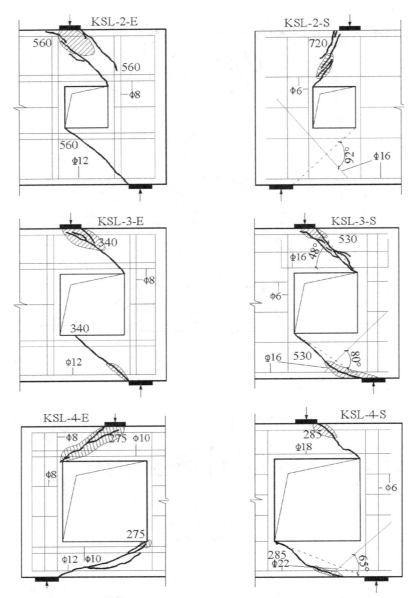

（图中阴影部分表示混凝土最终被压碎剥落的区域；未注明单位的数字为裂缝开展对应的荷载，单位：kN）

图 9.23　控制破坏的局部（二）

下面对各组试件的试验结果分组进行对比分析和讨论：

1. 第 1 组试件

从图 9.22（a）、（b）和图 9.23 中可以看到，2 个试件的裂缝形态和控制破坏的裂缝（c-1、c-5）都很相似。试件 KSL-1-E 在 200kN 时初裂（c-3、c-4、C-3、C-4），裂缝宽度小于 0.2mm，当加载至 440kN 时，主斜裂缝 c-5 达到 0.77mm；试件 KSL-1-S 的初裂荷载和初始裂缝位置、宽度与 KSL-1-E 大致相同，当加载至 380kN 时，主斜裂缝 c-1 达到 0.44mm；试件 KSL-1-E 的裂缝开展较为充分，试件 KSL-1-S 在斜裂缝 c-1、c-5 刚出现便破坏。经试验后检查发现，在试件施工时，洞口上部斜拉杆钢筋的长度较设计出现了偏差，如图 9.23 所示，使得斜拉杆钢筋未能通过洞口两侧斜压杆的有效宽度范围，斜裂缝绕过拉杆钢筋端部导致试件提早破坏。

2. 第 2、3 组试件

从图 9.22（c）~（f）和图 9.23 可以看出，这 2 组试件在试验现象上较为相似，仅试件 KSL-2-S 和 KSL-3-S 比 KSL-2-E 和 KSL-3-E 裂缝开展稍充分。试件 KSL-2-E 和 KSL-2-S 均在 200kN 时初裂（c-3），裂缝宽度小于 0.1mm，试件 KSL-2-E 在加载至 540kN 时，主斜裂缝 c-2 达到 1.05mm，KSL-2-S 在加载至 700kN 时，主斜裂缝 C-2 和 C-3 达到 0.76mm 和 0.85mm；试件 KSL-3-E 和 KSL-3-S 分别在 120kN 和 160kN 时初裂（c-3、C-3），试件 KSL-3-E 在加载至 300kN 时最大裂缝宽度小于 0.35mm，试件 KSL-3-S 在 520kN 时主斜裂缝 c-2 和 c-1 达到 1.03mm 和 0.82mm。试件 KSL-2-S 与第一组试件洞口尺寸相同，都较小，斜压杆在破坏时呈"瓶形"；而第三组试件，洞口较大，"切断"了压杆，"瓶形"不明显。

3. 第 4 组试件

第 4 组试件由于洞口尺寸较大，试件类似于平面框架，所以从图 9.22（g）、（h）中可以看到较之前 3 组试件出现了更多的弯曲裂缝，按经验方法和 STM 方法设计的试件，破坏大体相当。试件 KSL-4-E 和 KSL-4-S 均在 70kN 时初裂（c-3、C-3、C-6），其中弯曲裂缝（C-6）宽度为 0.1mm 左右。加载至 260kN 时，弯曲裂缝（C-6）开展到 0.8mm，主斜裂缝（c-1、C-2）宽度达到 0.7mm。稍有不同的是，从图 9.23 可以看出，KSL-4-E 斜裂缝处的混凝土剥落更严重一些。

9.3.6　变形与应变

各试件的荷载 - 跨中挠度曲线如图 9.24 所示。除去施工失误的第 1 组试件外，第 2 组试件的极限挠度，STM 方法比经验方法小 0.3mm；第 3 组试件的极限挠度，STM 方法比经验方法大 2.4mm；第 4 组试件的极限挠度，STM 方法比经验方法大 0.5mm。可见，由于试件的刚度主要由混凝土贡献，对于开洞较小的深梁，不同配筋设计方法应对挠度的影响不大，所以在开洞较大的深梁上 STM 设计的试件挠度延性较有优势。此外，由图 9.24 还可以看出，两种方法设计的试件的荷载 - 跨中挠度曲线均没有明显的平台段，所以从塑性变形能力方面来看，以上深梁试件始终延性不足，本质上属于脆性破坏。

以第 3 组试件为例，主要纵筋上和混凝土斜压杆处的应变片分别所采集的数据如图 9.25 所示。从图 9.25 可以看出，试件 KSL-3-S 洞口上下的纵筋在加载至 530kN 试件未破坏时均已屈服，而试件 KSL-3-E 的钢筋没有屈服。事实上，其他组的试件，经

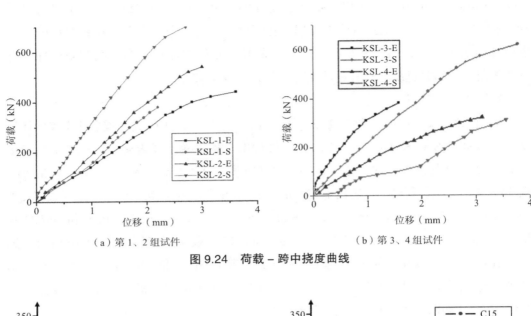

（a）第 1、2 组试件 （b）第 3、4 组试件

图 9.24　荷载 – 跨中挠度曲线

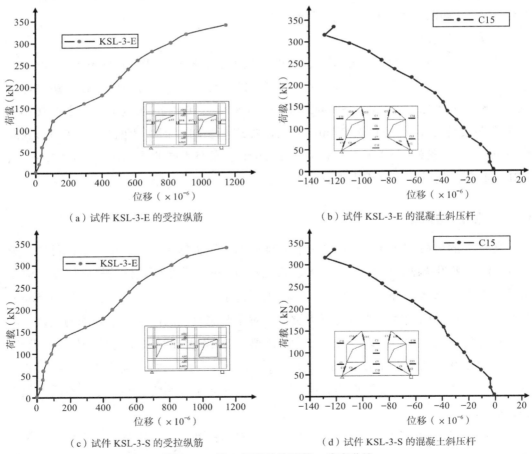

（a）试件 KSL-3-E 的受拉纵筋 （b）试件 KSL-3-E 的混凝土斜压杆

（c）试件 KSL-3-S 的受拉纵筋 （d）试件 KSL-3-S 的混凝土斜压杆

图 9.25　第 3 组试件的荷载 – 应变曲线

验方法设计的试件均没有纵筋屈服，而 STM 方法设计的试件大多数在洞口下部的拉杆纵筋达到屈服状态。两种设计方法下，混凝土斜压杆处的荷载 - 应变曲线没有显著区别，这印证了两类试件都是以混凝土斜压杆的破坏而失效。

可见，从挠度和应变等数据来看，STM 方法设计的试件在延性方面要优于经验方法设计的试件。从试件整体受力和破坏特征来看，经验方法设计的试件没有发生钢筋屈服，由受剪控制着承载力；而 STM 方法设计的试件主要拉杆纵筋大多数能达到屈服，某些程度上类似于普通钢筋混凝土梁的受弯控制承载力，但从最终由混凝土斜压杆控制的破坏形态上看，还是明显带有"剪"性质的破坏。

9.3.7 承载能力

开裂荷载、屈服荷载和极限荷载等见表 9.3。可以看出，两种方法设计的开洞深梁初裂荷载没有显著区别。除去第一组施工失误的试件外，STM 方法设计的试件往往能发生纵筋屈服，纵筋能够屈服说明 STM 对钢筋的利用更加充分，所以极限承载力也比按经验方法设计的试件要高一些。

试件实测荷载 表 9.3

组别	编号	F_{cr}（kN）	F_y（kN）	F_u（kN）	Δ_u（mm）	F_{cr}/F_u
第一组	KSL-1-E	200	—	460	3.61	0.435
	KSL-1-S	200	—	400	2.20	0.500
第二组	KSL-2-E	200	—	560	3.00	0.357
	KSL-2-S	200	520	720	2.71	0.278
第三组	KSL-3-E	120	—	340	1.74	0.353
	KSL-3-S	160	530	530	4.16	0.302
第四组	KSL-4-E	70	—	275	3.43	0.255
	KSL-4-S	70	—	285	3.92	0.246

注：F_{cr} 为初裂荷载；F_y 为受拉钢筋屈服时的荷载；F_u 为极限荷载；Δ_u 为极限荷载对应的跨中挠度。

将 STM 方法设计的深梁实测的极限承载力与按材料标准值计算的设计承载力之比的结果置于图 9.26 中，该方法对极限承载力的预计比较准确，略低于实测值，偏于安全；而我国规范在附录 G 里给出的普通深受弯构件的正截面和斜截面承载力的经验计算方法，未考虑试件开洞的影响，只考虑了配筋量、截面高度、跨高比、剪跨比等的影响。对于使用同一批钢筋设计的四组试件，由于纵筋配筋量、截面高度、跨高比等各个参数相同，所以得出了同样的计算承载力，这显然不合理也不准确，所以经验方法对承载力的预测能力很弱。

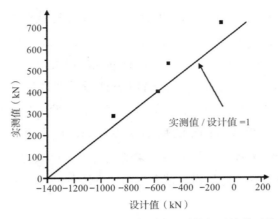

图 9.26 STM 方法设计的深梁实测值与设计值对比

对各组试件的总用钢量进行计算，包括受力钢筋、分布钢筋及构造抗裂用的钢筋网片用钢量之和。结果表明，用 STM 方法设计的深梁相比用经验方法设计的深梁可节约钢筋 20% 左右，在洞口较大时这一数值更大。这说明，STM 方法可以用更少的钢筋获得更大的承载力和更高的延性。

此外，试件 KSL-1-S 由于施工失误，导致右侧洞口上部斜钢筋与设计相比偏短，没有通过压杆，如图 9.23 所示。这极大地影响了极限承载力，也从侧面说明了 STM 中拉杆钢筋的重要性和对整个试件承载能力的贡献。

9.4 箱梁预应力钢束设计

9.4.1 优化设计方法

采用工厂化生产的预应力混凝土箱梁[177] 具有良好的受力性能和稳定的质量，在小跨径梁桥中得到了广泛应用。合理的预应力设计[178] 可以有效提高其抗裂性，减小跨中下挠。预应力混凝土箱梁桥预应力优化设计方法一直倍受研究者的关注，如 Utrilla 等[179] 利用线性编程技术和最速下降优化技术，提出预应力自动设计方法；Kirsh[180] 探索了预应力混凝土受弯截面最小预应力设计；苏杭[181] 研究了箱梁桥在各工况下的应力分布和变化规律；朱良辰[182] 开发了基于二次规划和弯曲能量法的悬臂施工连续梁桥纵向预应力优化设计方法。随着优化理论[183] 和计算机辅助设计的发展，拓扑优化[184-185] 在设计领域崭露头角，如徐巍[186] 借助拓扑优化设计了预应力混凝土连续刚构桥预应力。近年来，Xie 等[105, 187-188] 在求解速度、优化解可靠性验证及设计应用等方面对渐进演化类拓扑优化方法开展了大量研究。

预应力混凝土小箱梁在传统设计中一般先将钢束布置在束界范围内，再人工调束使各预应力钢束的应力趋于均匀，这一过程较为烦琐。运用 ESO 类等拓扑优化算法指导预应力混凝土小箱梁预应力钢束设计，可以有效减少甚至消除人工调束的工作量。ESO 类算法得到的拓扑解，一般能较清晰地描述构件内部传力路径，可据此构建力学模型，以供钢束布置等参考。

基于 ESO 类算法构的预应力混凝土小箱梁力学模型构建的步骤如下：

（1）由拓扑解的各关键点，先进行杆系结构模型的初步拟形；

（2）对初拟模型进行归整，主要包括对近距离的结点和平行杆件进行归并，以及对棋盘格效应等造成的零碎杆件进行剔除；

（3）进一步简化模型，调整腹杆间距，使其等间距（或分段等间距）分布，便于分析计算。

简化过程中，各杆连接在优化区域外按刚结点考虑，在优化区域内按铰结点考虑；简化后的力学模型须几何不变；并且，模型应与初始设计域的箱梁具有相同或相近的受力特性。

钢束优化设计的流程如图 9.27 所示。

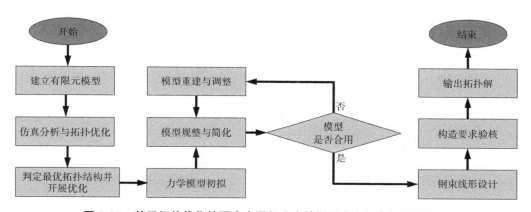

图 9.27　基于拓扑优化的预应力混凝土小箱梁预应力钢束设计流程图

9.4.2　工程案例概况

某 30m 简支预应力混凝土小箱梁，对其预应力钢束布置进行优化。该桥计算跨径 29.96m，采用单箱单室变截面，各截面几何尺寸如图 9.28 所示。

此预制箱梁主梁、端横梁及封锚混凝土均采用 C50，重力密度为 26.0kN/m³，弹性模量为 $3.45 \times 10^4 \text{N/mm}^2$，泊松比为 0.3；普通钢筋采用 HRB400 钢筋；支座采用板式橡胶支座，弹性模量为 $1.1 \times 10^3 \text{N/mm}^2$，泊松比为 0.7；预应力钢绞线抗拉强度标准值为 1860MPa，弹性模量为 $1.95 \times 10^3 \text{N/mm}^2$，公称直径为 15.2mm。箱梁混凝土强度和弹性模量达到设计值的 85%，并且混凝土龄期不小于 7d 时，张拉预应力钢束。

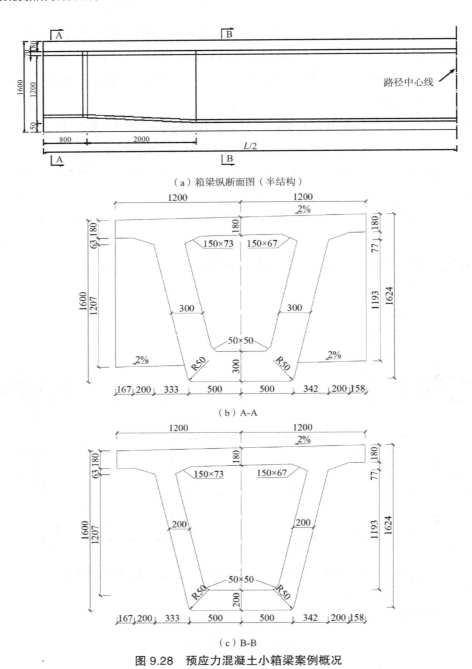

（a）箱梁纵断面图（半结构）

（b）A-A

（c）B-B

图 9.28　预应力混凝土小箱梁案例概况

主梁一期恒载为主梁自重，二期恒载为桥面铺装、护栏等自重；设计活载为公路 -I 级，无人群荷载。内力由活载中的车辆荷载引起，按最不利工况组合内力作为设计依据。

9.4.3　拓扑解的获取

拓扑优化采用 WESO 算法[138]进行。采用平面单元 plane82 及实体单元 solid65

模拟钢筋混凝土，分别对箱梁进行二维和三维建模。顶板、横梁及支座仅参与分析，不参与优化。单元尺寸为 80mm×80mm。基于对最不利工况的考虑，一期和二期恒载均为满布的面荷载，活载为车道荷载，以满布均布荷载和跨中集中力的形式施加。最终得到的拓扑解如图 9.29 所示，考虑到结构的对称性，均只表达了半结构。

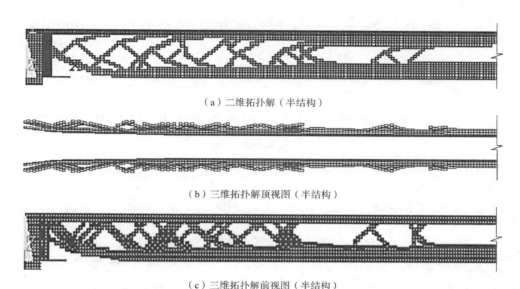

（a）二维拓扑解（半结构）

（b）三维拓扑解顶视图（半结构）

（c）三维拓扑解前视图（半结构）

图 9.29　预应力混凝土小箱梁案例的 WESO 拓扑解

由图 9.29 可知，该预应力混凝土小箱梁案例的二维和三维拓扑解在构型上较接近，均为类桁架模型。从荷载传递路径来看，均布荷载和跨中集中力施加于顶板，各荷载沿着最短的路径经过腹板区域压杆传递到下弦各结点，然后由下弦拉杆传递给支座，表明这些拓扑解均符合该箱梁案例的实际受力特性；它们也有一些细节上的差异，主要体现在三维优化包含更多空间信息，但同时也更多地受到棋盘格现象的干扰，特别是在腹杆拓扑的清晰度上，需要在力学模型构建时尽可能消除。此外，由图 9.29（b）还可以看出，在当前竖向荷载作用下优化至拓扑解的过程中，该箱梁的底板已被完全删除掉，这主要是因为以上拓扑过程仅考虑了竖向对称荷载工况，而底板主要在横向荷载工况和竖向偏载工况下贡献结构整体刚度。

9.4.4　组合结构模型的建立与分析

与二维拓扑解相应的模型构建初步拟形如图 9.30（a）所示，整理归并后的模型如图 9.30（b）所示，完成腹杆间距调整后的模型如图 9.30（c）所示。基于三维拓扑解纵立面的模型构建过程也基本类似，得到的组合结构模型与图 9.30（c）所示的模型大体相似。出于比较，将图 9.30（c）所示的模型叠放至三维拓扑解的前视图中，如图 9.30（d）所示。可以看出，对于调整过腹杆间距的二维优化最终模型，大多数杆件与三维拓扑解吻合良好。

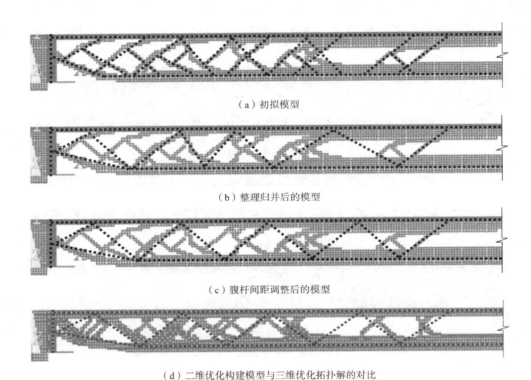

（a）初拟模型

（b）整理归并后的模型

（c）腹杆间距调整后的模型

（d）二维优化构建模型与三维优化拓扑解的对比
（由于对称，以上均为半结构）

图 9.30　基于二维优化拓扑解的预应力混凝土小箱梁案例组合结构模型构建

为验证该组合结构模型的合理性，对其施加单位荷载，最终的轴力计算结果如表 9.4 所示。表中，该组合结构模型中杆件的编号如图 9.31 所示，同样考虑对称性，仅示意半结构。

单位荷载作用下的模型杆件轴力值　　　　　表 9.4

杆号	轴力	杆号	轴力	杆号	轴力	杆号	轴力
1	−15.00	7	−67.27	13	18.94	19	8.23
2	−0.36	8	−70.08	14	−20.74	20	−8.23
3	0.01	9	70.08	15	9.86	21	4.11
4	−25.04	10	64.46	16	−16.55	22	−4.11
5	−44.78	11	53.20	17	12.31		
6	−58.83	12	36.34	18	−12.31		

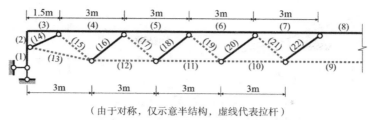

（由于对称，仅示意半结构，虚线代表拉杆）

图 9.31　预应力混凝土小箱梁案例的组合结构模型

由表 9.4 中各杆轴力值可知，下弦杆 9～13 均为拉杆；并且，越靠近跨中，轴力越大，符合箱梁下边缘的受力特性。腹杆从杆 14～22 以压杆和拉杆的形式交错出现，越靠近跨中，杆件轴力的绝对值越小。故图 9.29（a）及图 9.30（c）的跨中不再需要腹杆，这与箱梁腹板的受力特性吻合。可见，依据简化后的拓扑解建立力学模型，能准确反映箱梁的基本受力特性，可参照其完成相应的钢束布置。

9.4.5　钢束布置与设计

首先，按正常使用极限状态和承载能力极限状态的应力要求估算钢束数，再按照图 9.31 中杆 9～13 所表示的受拉区域进行布置。对于跨中截面钢束位置，在保证预留孔道构造要求的前提下，可以加大钢束群重心的偏心距。在钢束优化设计中，按照图 9.31，由杆 3、杆 15 与杆 13 所形成的受拉区域内布置预应力钢束时，会有部分钢束弯出顶板，需要做成锚固块，将钢束锚固于顶板。但考虑到工程施工，将所有钢束都锚固在梁端截面，并均匀、分散布置，避免应力集中；按照图 9.29（b），底板已在优化中被完全删除，所以应将钢束全部布置在腹板内，底板区域不再布置预应力钢束；各钢束参数见表 9.5，钢束构造如图 9.32 所示。

预应力混凝土小箱梁案例的优化设计钢束参数　　　　　　表 9.5

钢束名称	h（mm）	h_1（mm）	R（mm）	θ（°）	D_1（mm）	D_2（mm）
N1	590	1391	45000	7.5	9899	5234
N2	465	1111	43000	7.5	7771	7381
N3	340	831	40000	7.5	5642	9552
N4	215	551	31000	7.5	3512	11724
N5	90	284	46000	3	3704	11422

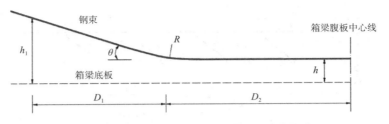

图 9.32　预应力混凝土小箱梁案例钢束构造

9.4.6　设计方法对比

在预应力混凝土小箱梁传统钢束设计过程中，需先按照承载能力极限状态下的强度要求、正常使用极限状态下及施工阶段的应力要求，进行预应力束估算；再根据箱梁截面上、下边缘混凝土均不应出现超限拉应力的条件及线形要求，布置预应力钢束；最后，再对预应力钢束进行调整。以上预应力混凝土小箱梁案例也完成了传统的钢束设计作为对比，相应的钢束参数如表 9.6 所示。

预应力混凝土小箱梁案例的传统设计钢束参数　　　　　　　　表 9.6

钢束名称	h（mm）	h_1（mm）	R（mm）	θ（°）	D_1（mm）	D_2（mm）
N1	465	1350	45000	5	4684	10116
N2	340	1100	45000	5	6113	8687
N3	215	850	45000	5	7542	7258
N4	90	600	45000	5	8971	5829
N5	90	155	30000	2	12939	1861

首先，文中预应力采用后张法施工，管道摩擦将引起预应力损失，而优化设计增加大了 R 值，相当于增大偏心距，减小了这项损失；其次，根据《公路桥涵设计通用规范》JTG D60—2015[189] 式（4.1.6-2）的效应组合计算式，准永久组合下两种设计各截面正应力分别如图 9.33 和图 9.34 所示，正截面抗裂验算均满足要求；对比图 9.33 和图 9.34，优化使箱梁下缘各截面应力降低，在跨中截面降低了 13.8%，即有效提升预应力混凝土箱梁抗裂性能；而上边缘应力有所增加，在跨中截面提升了 14.2%，能更有效地利用混凝土的抗压性能。再次，持久状况下箱梁跨中截面各钢束应力值如表 9.7 所示，两种设计的各钢束在结构自重、车辆荷载及预加应力相组合下应力均满足要求，但优化设计钢束 N1、N3、N4、N5 应力值更接近允许应力值，表明其更符合拓扑优化设定的满应力准则。

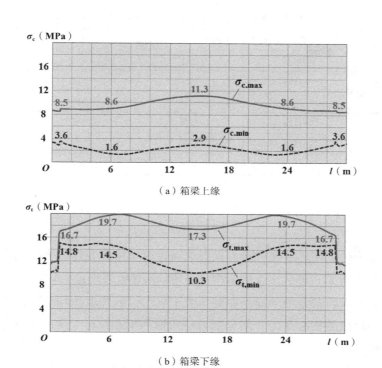

（a）箱梁上缘

（b）箱梁下缘

图 9.33　预应力混凝土小箱梁案例在传统设计下各截面正应力包络图

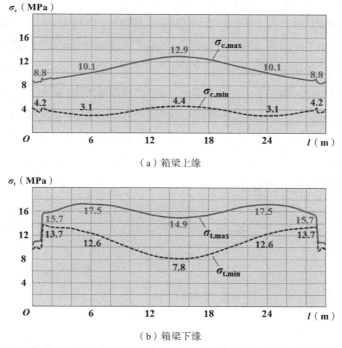

（a）箱梁上缘

（b）箱梁下缘

图 9.34　预应力混凝土小箱梁案例在基于拓扑优化设计下各截面正应力包络图

预应力混凝土小箱梁案例在两种设计方法下的钢束应力值   表 9.7

钢束	最大应力（MPa）		容许最大应力（MPa）	是否满足
	传统设计	优化设计		
N1	−1199	−1204	−1209	是
N2	−1200	−1198	−1209	是
N3	−1188	−1198	−1209	是
N4	−1183	−1208	−1209	是
N5	−1188	−1205	−1209	是

9.5 本章小结

（1）通过拓扑优化，可以清晰、直观地演化出指定荷载作用下钢筋混凝土无腹筋短梁内部的受力骨架；并且，该结果得到了 Michell 桁架理论的印证和支持，同时这也是对短梁受力机理的合理解释。在梁顶跨中集中荷载和梁顶均布荷载作用下，钢筋混凝土无腹筋短梁的核心受力骨架分别为三角形桁架和拉杆-拱，这也反映了短梁内的主要传力路径。

（2）由于短梁等构件的拓扑解能反映出它们内部的核心受力骨架和主要传力路径，从而对于小型构件，可以据此构建 STM 并辅助构件设计；对于大型构件，可以作为结构或构件选型参考；还可以结合混凝土 3D 打印等工程新技术进行构件制备。

（3）较之经验设计方法，基于拓扑解构建 STM，再指导深梁配筋设计的应力设计方法，不仅可以改善纵筋不屈服的问题，使破坏过程中裂缝开展能力更强，进而让构件拥有更高的承载力和更好的延性，还可以更准确地预测极限荷载和节省钢筋用量。

（4）引入拓扑优化辅助预应力混凝土小箱梁的预应力钢束布置，减少烦琐的人工调束工作量，并且设计出的构件能够较好地满足箱梁各阶段受力要求。而且，较之传统设计，各预应力钢束在基本工况下应力更加接近于满应力状态，相当于提高了钢束的利用效率和箱梁下缘的抗裂性能；同时，预应力钢束锚固点的布置也更加均匀、分散，避免箱梁端部因应力集中而开裂。

参考文献

[1] 董文永，刘进，丁建立，等 . 最优化技术与数学建模 [M]. 北京：清华大学出版社，2010：1-17.

[2] 何坚勇 . 最优化方法 [M]. 北京：清华大学出版社，2007：1-26.

[3] 席少霖，赵凤治 . 最优化计算方法 [M]. 上海：上海科学技术出版社，1983：1-20.

[4] 刑文训，等 . 现代优化计算方法 [M]. 北京：清华大学出版社，2006：1-35.

[5] Glover F. Tabu search：part l[J]. OSRA Journal on Computing，1989，1（2）：190-206.

[6] Glover F. Tabu search：part 2[J]. OSRA Journal on Computing，1990，2（1）：4-32.

[7] Glover F，Laguna M. Tabu search[M]. Kluwer Academic Publishers，1997：1-21.

[8] Walker R A，Colboum C J. Tabu search for covering arrays using permutation vectors[J]. Journal of Statistical Planning and Inference，2008，139（1）：69-80.

[9] 康立山，谢云，尤矢勇，等 . 非数值并行算法——模拟退火算法 [M]. 北京：科学出版社，1998：1-55.

[10] 吴剑国，赵莉萍，王建华 . 工程结构混合离散变量优化的模拟退火方法 [J]. 工程力学，1997，14（3）：138-143.

[11] Kirkpatrick S，Gelatt C，Vecchi M. Optimization by simulated annealing[J]. Science，1983，220（5）：671-680.

[12] 王卓鹏，高国成，杨为平 . 一种改进的快速模拟退火组合优化法 [J]. 系统工程理论与实践，1999，19（2）：73-76.

[13] 刘勇，康立山，陈毓屏 . 非数值并行算法（第 2 册）——遗传算法 [M]. 北京：科学出版社，1995：1-60.

[14] 王小平，曹立明 . 遗传算法——理论、应用与软件实现 [M]. 西安：西安交通大学出版社，2002：1-50.

[15] 潘正军，康立山，陈毓屏 . 演化计算 [M]. 北京：清华大学出版社，1998：1-36.

[16] 张文修，梁怡 . 遗传算法的数学基础 [M]. 西安：西安交通大学出版社，2000：1-12.

[17] 周明，孙树栋 . 遗传算法原理及应用 [M]. 北京：国防工业出版社，1999：1-45.

[18] 李敏强，寇纪淞，林丹，等 . 遗传算法的基本理论与应用 [M]. 北京：科学出版社，2002：1-70.

[19] Dorigo M，Gambardella L M. Ant colonies for the travelling salesman problem[J]. Biosystems，1997：73-81.

[20] Dorigo M，Caro G. D. Ant algorithms for discrete optimization[J]. Artificial Life，1999，5（2）：

137-172.

[21] 李士勇，陈永强，李研 . 蚁群算法及其应用 [M]. 哈尔滨：哈尔滨工业大学出版社，2004：1-40.

[22] He S，Wu Q H，Wen J Y，et.al. A particle swarm optimizer with passive congregation[J]. Biosystems，2004，78（1-3）：135-147.

[23] Liang J J，Qin A K，Suganthan P N，et.al. Comprehensive learning particle swarm optimizer for global optimization of multimodal Functions[J]. Trans on Evolutionary Computation，2006，10（3）：281-295.

[24] Kennedy J，Eberhart R C. A discrete binary version of the particle swarm algorithm[J]. International Conference on Systems，Man，and Cybernetics，1997，4104-4108.

[25] 李晓磊 . 一种新型的智能优化方法——人工鱼群算法 [D]. 杭州：浙江大学控制系，2003，22-39.

[26] 李晓磊，邵之江，钱积新 . 一种基于动物自治体的寻优模式：鱼群算法 [J]. 系统工程理论与实践，2002，1（11）：32-38.

[27] 李晓磊，钱积新 . 基于分解协调的人工鱼群优化算法研究 [J]. 电路与系统学报，2003，8（1）：1-6.

[28] 李晓磊，路飞，用国会 . 组合优化问题的人工鱼群算法应用 [J]. 山东大学学报（工学版），2004，34（5）：64-67.

[29] Adleman L M. Molecular computation of solutions to combinatorial problems[J]. Science，1994，226（1）：1021-1024.

[30] Paun G. From cells to computers：computing with membranes（P systems）[J]. Biosystems，2001，59（3）：139-158.

[31] Desgupta D，Attoh O N. Immunity-based systems：a survey[A]. In 1997 IEEE International Conference on Systems，Man，and Cybernetics. [C]l Int Conf on SMC. Florida，1997：369-374.

[32] 赵振宇，徐用懋 . 模糊理论和神经网络的基础与应用 [M]. 北京：清华大学出版社，1996：1-13.

[33] 王科俊，王克成 . 神经网络建模预报与控制 [M]. 哈尔滨：哈尔滨工程大学出版社，1996：1-47.

[34] 吴剑国，赵丽萍 . 工程结构优化的神经网络方法 [J]. 计算力学学报，1998，15（1）：69-74.

[35] Dorn W S，Gomory R E，Greenberg H J. Automatic design of optimal structures[J]. Journal de Mecanique，1964，3（6）：25-52.

[36] Gaynor A T，Guest J K，Moen C D. Reinforced Concrete Force Visualization and Design Using Bilinear Truss-Continuum Topology Optimization[J]. Journal of Structural Engineering Asce，2013，139（4）：607-618.

[37] Smith O D S. An interactive system for truss topology design[J]. Advances in Engineering Software，1996，27（1-2）：167-178.

[38] Zegard T，Paulino G H. Ground structure based topology optimization for arbitrary 2D domains

using MATLAB[J]. Structural and Multidisciplinary Optimization, 2014, 50（5）: 861-882.

[39] Krister S. The method of moving asymptotes-a new method for structural optimization[J]. International Journal for Numerical Methods in Engineering, 1987, 24（2）: 359-373.

[40] Bendsøe M P, Kikuchi N. Generating optimal topologies in structural design using a homogenization method[J]. Computer Methods in Applied Mechanics and Engineering, 1988, 71（2）: 197-224.

[41] Tenek L H, Hagiwara I. Optimal rectangular plate and shallow shell topologies using thickness distribution or homogenization[J]. Computer Methods in Applied Mechanics and Engineering, 1994, 115（1-2）: 111-124.

[42] Sui Y K, Yang D Q. A new method for structural topological optimization based on the concept of independent continuous variables and smooth model[J]. Acta Mechanica Sinica, 1998, 14（2）: 179-185.

[43] Osher S, Sethian J A. Fronts propagating with curvature-dependent speed: Algorithms based on Hamilton-jacobi formulations[J]. Journal of Computational Physics, 1988, 79（1）: 12-49.

[44] Bendsøe M P. Optimal shape design as a material distribution problem[J]. Structural and Multidisciplinary Optimization. 1989, 1（4）: 193-202.

[45] Bendsoe M P, Sigmund O. Material interpolation schemes in topology optimization [J]. Archive of Applied Mechanics, 1999, 69（9-10）: 635-654.

[46] Haber R B, Jog C S, Bendsoe M P. A new approach to variable-topology shape design using a constraint on perimeter [J]. Structure Optimization, 1996, 11（1）: 1-12.

[47] Sigmund O. Design of material structures using topology optimization[D]. Copenhagen: Technical University of Denmark, 1994.

[48] Bruns T E, Tortorelli D A. Topology optimization of non-linear elastic structures and compliant mechanisms [J]. Computer Methods in Applied Mechanics and Engineering, 2001, 190（26-27）: 3443-3459.

[49] Guest J K, Prévost J H, Belytschko T. Achieving minimum length scale in topology optimization using nodal design variables and projection functions [J]. International Journal for Numerical Methods in Engineering, 2004, 61（2）: 238-254.

[50] Dadalau A, Hafla A, Verl A. A new adaptive penalization scheme for topology optimization [J]. Production Engineering Research and Development, 2009, 3（4-5）: 427-434.

[51] 昌俊康，段宝岩. 连续体结构拓扑优化的一种改进变密度法及其应用 [J]. 计算力学学报，2009，26（2）: 188-192.

[52] Garcia-Lopez N P, Sanchez-Sliva M, Medaglia A L, et al. A hybrid topology optimization methodology combining simulated annealing and SIMP [J]. Computers and Structures, 2011, 89

（15-16）: 1512-1522.

[53] Xu S L，Cai Y W，Cheng G D. Volume preserving nonlinear density filter based on heaviside functions [J]. Structural and Multidiplinary Optimization，2010，41（4）: 495-505.

[54] Wang M Y，Wang S Y. Bilateral filtering for structural topology optimization [J]. International Journal for Numerical Method in Engineering，2005，63（13）: 1911-1938.

[55] 张志飞，徐伟，徐中明，等 . 抑制拓扑优化中灰度单元的双重 SIMP 方法 [J]. 农业机械学报，2015，46（11）: 405-410.

[56] Schlaich J，Shafer K，Jennewein M. Toward a consistent design of structural concrete[J]. Pci Journal，1987，32（3）: 74-150.

[57] Nielsen M P，Hoang L C. Limit analysis and concrete plasticity[M]. Englewood Cliffs，New Jersey: Prentice Hall，Inc，1984.

[58] Yu M，Li J，Ma G. Theorems of limit analysis[M]. New York: Springer，2009.

[59] Schlaich J，Schäfer K. Design and detailing of structural concrete using strut-and-tie models [J]. The Structural Engineer，1991，69（6）: 113-125.

[60] Mezzina M，Palmisano F，Raffaele D. Designing simply supported R. C. bridge decks Subjected to In-Plane Actions: Strut-and-Tie Model Approach [J]. Journal of Earthquake Engineering，2012，16（4）: 496-514.

[61] Muttoni A，Ruiz M F，Niketic F. Design versus assessment of concrete structures using stress fields and strut-and-tie models [J]. ACI Structural Journal，2015，112（5）: 605-615.

[62] Biondini F，Bontempi F，Malerba P G. Optimal strut-and-tie models in reinforced concrete structures [J]. Computer Assisted Mechanics and Engineering Sciences，1999，6（3-4）: 280-293.

[63] Ali M A，White R N. Formulation of optimal strut-and-tie models in design of reinforced concrete structures [J]. ACI Special Publication，2000，193: 979-998.

[64] Liang Q Q，Xie Y M，Steven G P . Topology optimization of strut-and-tie models in reinforced concrete structures using an evolutionary procedure [J]. Aci Structural Journal，2000，97（2）: 322-332.

[65] 林波，刘钊，吕志涛 . 体外预应力独立矩形齿块锚固区的拉压杆模型及配筋设计 [J]. 工程力学，2011，28（12）: 59-64.

[66] 林波，刘钊 . 体外预应力角隅矩形齿块锚固区的拉压杆模型及配筋设计 [J]. 工程力学，2012，29（4）: 155-160.

[67] 刘霞，易伟建，优化方法建立钢筋混凝土梁压杆 - 拉杆模型 [J]. 工程力学，2013，30（9）: 151-157.

[68] 仲济涛，刘钊 . 不同预应力度简支梁拉压杆模型 [J]. 东南大学学报（自然科学版），2013，43（5）: 962-966.

[69]   Kwak H G, Noh S H. Determination of strut-and-tie models using evolutionary structural optimization [J]. Engineering Structures, 2006, 28（10）: 1440-1449.

[70]   Zhong J T, Wang L, Deng P, et al. A new evaluation procedure for the strut-and-tie models of the disturbed regions of reinforced concrete structures [J]. Engineering Structures, 2017, 148（10）: 660-672.

[71]   Bruggi M. Generating strut-and-tie patterns for reinforced concrete structures using topology optimization [J]. Computers and Structures, 2009, 87（23-24）: 1483-1495.

[72]   Bruggi M. On the Automatic Generation of strut and tie patterns under multiple load cases with application to the aseismic design of concrete structures[J]. Advances in Structural Engineering, 2010, 13（6）: 1167-1181.

[73]   Xia Y, Langelaar M, Hendriks M A N. A critical evaluation of topology optimization results for strut-and-tie modeling of reinforced concrete [J]. Computer-Aided Civil and Infrastructure Engineering, 2020, 35（8）: 850-869.

[74]   Xia Y, Langelaar M, Hendriks M A N. Automated optimization-based generation and quantitative evaluation of Strut-and-Tie models[J]. Computers and Structures, 2020, 238: 106297.

[75]   Kotsovos M D. Compressive force path concept: basis for reinforced concrete ultimate limit state design [J]. Aci Structural Journal, 1988, 85（1）: 68-75.

[76]   Kelly D, Reidsema C, Bassandeh A, et al. On interpreting load paths and identifying a load bearing topology from finite element analysis[J]. Finite Elements in Analysis & Design, 2011, 47（8）: 867-876.

[77]   Kelly D W, Hsu P, Asudullah M. Load paths and load flow in finite element analysis[J]. Engineering Computations, 2001, 18（1/2）: 304-313.

[78]   刘梅梅. 海上风机复合筒型基础承载力及优化设计研究 [D]. 天津: 天津大学, 2014.

[79]   Bruggi M. A numerical method to generate optimal load paths in plain and reinforced concrete structures [J]. Computers and Structures, 2016, 170: 26-36.

[80]   Zhang, H Z, Liu X. Experimental investigation on stress redistribution and load-transfer paths of shear walls with openings [J]. Journal of Structural Engineering, 2018, 144(9):04018149(1-16).

[81]   张鹄志, 黄垚森, 郭原草, 等. 荷载多目标下 RC 深梁的拓扑拉压杆模型设计 [J]. 河海大学学报（自然科学版）, 2021, 49（5）: 433-440.

[82]   张鹄志, 刘霞, 易伟建, 等. 复杂应力构件多荷载工况下的配筋优化 [J]. 湖南大学学报（自然科学版）, 2014, 41（9）: 42-47.

[83]   崔楠楠. 斜拉桥预应力混凝土索塔锚固区受力性能与设计方法研究 [D]. 广州: 华南理工大学, 2016.

[84]   Almeida V S, Simonetti H L, Neto L O. Comparative analysis of strut-and-tie models using

Smooth Evolutionary Structural Optimization[J]. Engineering Structures 2013, 56, 1665-1675.

[85] Jewett J L, Carstensen J V. Topology-optimized design, construction and experimental evaluation of concrete beams [J]. Automation in Construction, 2019, 102: 59-67.

[86] França M B B, Greco M, Lanes R M, et.al. Topological optimization procedure considering nonlinear material behavior for reinforced concrete designs[J]. Computers and Concrete, 2016, 17 (1): 141-156.

[87] 黄仕海. 钢筋混凝土 D 区构件的研究与分析 [D]. 长沙: 湖南大学, 2013.

[88] Victoria M, Querin O M, Martí P. Generation of strut-and-tie models by topology design using different material properties in tension and compression[J]. Structural and Multidisciplinary Optimization, 2011, 44 (2): 247-258.

[89] Zhong J T, Wang L, Li Y, et al. A Pactical Approach for Generating the Strut-and-Tie Models of Anchorage zones[J]. Journal of Bridge Engineering, 2017, 22 (4): 04016134 (1-13).

[90] Smarslik M, Ahrens M A, Mark P. Toward holistic tension-or compression-biased structural designs using topology optimization[J]. Engineering Structures, 2019, 199: 109632.

[91] Luo Y J, Wang M Y, Deng Z C. Stress-based topology optimization of concrete structures with prestressing reinforcements[J]. Engineering Optimization, 2013, 45 (11): 1349-1364.

[92] Zhang H Z, Liu X, Yi W J. Reinforcement Layout Optimisation of RC D-regions[J]. Advances in Structural Engineering, 2014, 17 (7): 979-992.

[93] Amir O. A topology optimization procedure for reinforced concrete structures[J]. Computers and Structures, 2013, 114: 46-58.

[94] Amir O, Sigmund O. Reinforcement layout design for concrete structures based on continuum damage and truss topology optimization[J]. Structural and Multidiplinary Optimization, 2013, 47 (2): 157-174.

[95] 张鹄志, 徐文韬, 吕伟荣, 等. 基于钢筋分离模式优化的 RC 深梁静力试验研究 [J]. 建筑结构学报, 2022, 43 (1): 138-145.

[96] Zakhama R, Abdalla M, Smaoui H, et al. Topology design of geometrically nonlinear 2D elastic continua using CA and an equivalent truss model[C]. 11th AIAA/ISSMO Multidisciplinary Analysis and Optimization Conference. 2006: 6972.

[97] Zhong J T, Wang L, Zhou M, et.al. New Method for Generating Strut-and-Tie Models of Three-Dimensional Concrete Anchorage Zones and Box Girders[J]. Journal of Bridge Engineering, 2017, 22 (8): 04017047 (1-18).

[98] Salem H M. The Micro Truss Model: An Innovative Rational Design Approach for Reinforced Concrete [J]. Journal of Advanced Concrete Technology, 2004, 2 (1): 77-87.

[99] Nagarajan P, Jayadeep U B, Pillai T M M. Application of micro truss and strut and tie model for

analysis and design of reinforced concrete structural elements[J]. Sonklanakarin Journal of Science and Technology, 2010, 31（6）: 647.

[100] Ali M A, White R N. Automatic Generation of Truss Model for Optimal Design of Reinforced concrete Structures[J]. Structural Journal, 2001, 98（4）: 431-442.

[101] Lowke D, Dini E, Perrot A, et al. Particle-bed 3D printing in concrete construction-possibilities and challenges[J]. Cement and Concrete Research, 2018, 112: 50-65.

[102] Menna C, Asprone D, Pastore T, et al. Implementation of a stress-constrained topology optimization technique for 3D printed concrete structures [J]. Proceedings of IASS Annual Symposia, 2018, 1-3（3）.

[103] Meibodi M A, Bernhard M, Jipa A, et al. The smart takes from the strong: 3D printing stay-in-place formwork for concrete slab construction[C]//Fabricate: Rethinking Design and Construction. London: UCL Press, 2017: 210-217.

[104] Vantyghem G, Corte W D. Shakour E, et al. 3D printing of a post-tensioned concrete girder designed by topology optimization[J]. Automation in Construction, 2020, 112: 103084.

[105] Xie Y M, Steven G P. A simple evolutionary procedure for structural optimization[J]. Computers and Structures, 1993, 49（5）: 885-896.

[106] Xie Y M, Steven G P. Evolutionary structural optimization[M]. Berlin:Springer-Verlag Telos, 1997, 1-25.

[107] Tanskanen P. The evolutionary structural optimization method: theoretical aspects[J]. Computer Methods in Applied Mechanics and Engineering, 2002, 191: 5485-5498.

[108] Cox H L. The design of structures of least weight [M]. Oxford:Pergamon, 1965.

[109] 张炳华, 侯昶. 土建结构优化设计 [M]. 上海: 同济大学出版社, 1998.

[110] Xie Y M, Steven G P. Basic evolutionary structural Optimition[M]. London: Springer London, 1997: 12-29.

[111] Hemp W S. Optimum structure[M]. Oxford: Clarendon Press, 1973: 70-101.

[112] Rozvany G I N. Stress ration and compliance based methods in topology optimization-a critical review. Structural and Multidisciplinary Optimization, 2001, 21（2）: 109-119.

[113] Zhou M, Rozvany G I N. On the validity of ESO type methods in topology optimization[J]. Structural and Multidisciplinary Optimization, 2001, 21（1）: 80-83.

[114] Rozvany G I N. Aims, Scope, Methods, History and Unified Terminology of Computer-aided Topology Optimization in Structural Mechanics[J]. Structural and Multidisciplinary Optimization, 2001, 21: 90-108.

[115] Rajeev S, Krishnamoorthy C S. Genetic algorithms-based methodologies for design optimization of trusses[J]. Journal of Structural Engineering, 1997, 123（3）: 350.

[116] 吴贝尼，夏利娟．基于改进遗传算法的双向渐进结构优化方法研究 [J]．船舶力学，2021，25（2）：193-201．

[117] Zuo Z H，Xie Y M，Huang X. Combining genetic algorithms with BESO for topology optimization[J]. Structural and Multidisciplinary Optimization，2009，38（5）：511-523.

[118] Huang X，Xie Y M. Convergent and mesh-independent solutions for the bi-directional evolutionary structural optimization method[J]. Finite Elements in Analysis and Design，2007，43（14）：1039-1049.

[119] Chu D N，Xie Y M，Hira A，et.al. Evolutionary structural optimization for problems with stiffness constraints[J]. Finite Elements in Analysis and Design，1996，21（4）：239-251.

[120] Chu D N，Xie Y M，Hira A，et.al. On various aspects of evolutionary structural optimization for problems with stiffness constraints[J]. Finite Elements in Analysis and Design，1997，24（4）：197-212.

[121] Manickarajah D，Xie Y M，Steven G P. Optimum design of frames withmultiple constraints using an evolutionary method[J]. Computers and Structures，2000，74（6）：731-741.

[122] Steven G P，Li Q，Xie Y M. Multicriteria optimization that minimizes maximum stress and maximizes stiffness[J]. Computers and Structures，2002，80（27）：2433-2448.

[123] 龙凯，王选，韩丹．基于多相材料的稳态热传导结构轻量化设计 [J]．力学学报，2017，49（2）：359-366．

[124] Díaz A，Sigmund O. Checkerboard patterns in layout optimization[J]. Structural and Multidisciplinary Optimization，1995，10（1）：40-45.

[125] Jog C S，Haber R B. Stability of finite element models for distributed-parameter optimization andtopology design[J]. Computer Methods in Applied Mechanics and Engineering，1996，130（3-4）：203-226.

[126] 豆麟龙，尹益辉，刘远东．结构拓扑优化中棋盘格抑制方法的研究 [J]．应用数学和力学，2014，35（8）：920-929．

[127] 杜义贤，王伟，李然，等．结构拓扑优化中灵敏度过滤技术研究 [J]．工程设计学报，2012，19（1）：20-24．

[128] 贺丹，刘书田．渐进结构优化方法失效机理分析与改进策略 [J]．计算力学学报，2014，31（3）：310-314．

[129] Liu X，Yi W J. Michell-like 2D layouts generated by genetic ESO[J]. Structural and Multidisciplinary Optimization，2010，42（1）：111-123.

[130] Sharp G R，Kong F K. Structural idealization for deep beams with web openings[J]. Magazine of Concrete Research，2015，29（99）：81-91.

[131] Zuo W，Saitou K. Multi-material topology optimization using ordered SIMP interpolation[J].

Structural and Multidisciplinary Optimization, 2017, 55（2）: 477-491.

[132] Subedi N K, Arabzadeh A. Some experimental results for reinforced-concrete deep beams with fixed-end supports[J]. Structural Engineering Review, 1994, 6（2）: 105-118.

[133] 中华人民共和国住房和城乡建设部. 混凝土结构设计规范: GB 50010—2010（2015 年版）[S]. 北京: 中国建筑工业出版社, 2015: 19-21.

[134] American Concrete Institute. Building code requirements for structural concrete and commentary: ACI 318-14[S]. Michigan, USA: ACI Committee 318, 2014: 385-398.

[135] Hareendran S P, Kothamuthyala R S, Thammishetti N, et.al. Improved softened truss model for reinforced concrete members under combined loading including torsion[J]. Mechanics of Advanced Materials and Structures, 2019, 26（1）: 71-80.

[136] 刘舜尧, 李进, 贺浩. 基于渐进结构优化的取料梁腹板拓扑优化 [J]. 工程设计学报, 2011, 18（3）: 174-177.

[137] 刘霞, 易伟建. 钢筋混凝土平面构件的配筋优化 [J]. 计算力学学报, 2010, 27（1）: 110-114+126.

[138] 王磊佳, 张鹄志, 祝明桥. 加窗渐进结构优化算法 [J]. 应用力学学报, 2018, 35（5）: 1037-1044+1185.

[139] Resatoglu R, Jkhsi S. Evaluation of Ductility of Reinforced Concrete Structures with Shear Walls having Different Thicknesses and Different Positions[J]. IIUM Engineering Journal, 2022, 23（2）: 32-44.

[140] Resmi R, Roja S Y. A review on performance of shear wall[J]. International Journal of Applied Engineering Research, 2016, 11（3）: 369-373.

[141] JGJ 3-2010. 高层建筑混凝土结构技术规程. 北京: 中国建筑工业出版社, 2010, 79-95.

[142] Xia Y, Langelaar M, Hendriks M A N. Optimization-based three-dimensional strut-and-tie model generation for reinforced concrete[J]. Computer-Aided Civil and Infrastructure Engineering, 2020, 36（5）: 526-543.

[143] Özkal F M, Uysal H. A computational and experimental study for the optimum reinforcement layout design of an RC frame[J]. Engineering Computations, 2016, 33（2）: 507-527.

[144] Chen H, Wang L, Zhong J. Study on an Optimal Strut-and-Tie Model for Concrete Deep Beams[J]. Applied Sciences, 2019, 9（17）: 3637.

[145] Chen H, Yi W J, Hwang H J. Cracking strut-and-tie model for shear strength evaluation of reinforced concrete deep beams[J]. Engineering Structures, 2018, 163: 396-408.

[146] Zhang H Z, Liu X, Yi W J, Deng Y H. Performance comparison of shear walls with openings designed using elastic stress and genetic evolutionary structural optimization methods[J]. Structural Engineering and Mechanics, 2018, 65（3）: 303-314.

[147] Leugering G, Sokołowski J, Żochowski A. Control of crack propagation by shape-topological optimization[J]. Discrete and Continuous Dynamical Systems, 2015, 35（6）: 2625-2657.

[148] Jewett J L, Carstensen J V. Experimental investigation of strut-and-tie layouts in deep RC beams designed with hybrid bi-linear topology optimization[J]. Engineering Structures, 2019, 197（C）: 109322.

[149] Zakian P, Kaveh A. Topology optimization of shear wall structures under seismic loading[J]. Earthquake Engineering and Engineering Vibration, 2020, 19（2）: 105-116.

[150] Willam K J. Constitutive Model for the Triaxial Behavior of Concrete[C]// IABSE Seminar on Concrete Structure subjected Triaxial Stresses. 1974: 1-30.

[151] K. J. Willam, E. D. Warnke. Constitutive Model for the Triaxial Behavior of Concrete[C]// Proceedings, International Association for Bridge and Structural Engineering. Bergamo: ISMES, 1975. 1-30.

[152] 章红梅, 曾松. 不同轴压比下剪力墙抗震性能试验研究 [J]. 结构工程师, 2014, 30（5）: 165-173.

[153] Liu X, Yi W J, Li Q S, et.al. Genetic evolutionary structural optimization[J]. Journal of Constructional Steel Research, 2007, 64（3）: 305-311.

[154] 刘霞, 易伟建. 钢筋混凝土平面构件的配筋优化 [J]. 计算力学学报, 2010, 27（1）: 110-114+126.

[155] 刘霞, 张鹄志, 易伟建, 等. 钢筋混凝土开洞深梁拉压杆模型方法与经验方法试验对比研究 [J]. 建筑结构学报, 2013, 34（7）: 139-147.

[156] James J M, Kunnath S K. Macroelement model for shear wall analysis[J]. Computing in Civil Engineering, 1994, 2: 1505-1512.

[157] Elfren L, Karlsson I, Losberg A, Torsion-bending shear interaction for Concrete beams[J], Journal of the Structural Division, 1974, 100（8）: 1657-1676.

[158] Joint A C I. Shear and diagonal tension[C]//ACI Journal, Proceedings. 1962, 59（1）.

[159] Seite A K. Die Bauweise Hennebique[J]. Schweizerische Bauzeitung, 1899, 33: 41.

[160] Lampert P, Thürlimann B. Torsionsversuche an Stahlbetonbalken[J]. Bericht/Institut für Baustatik ETH Zürich, 1968, 6506（2）.

[161] Hsu T T C. Softened Truss Model Theory for Shear and Torsion[J].Structural Journal, 1988, 85（6）: 624-635.

[162] Mosley W H, Hulse R, Bungey J H. Reinforced concrete design: to Eurocode 2[M]. Macmillan International Higher Education, 2012.

[163] Drucker D C. On structural concrete and the theorems of limit analysis[M]. Providence: Division of Engineering, Brown University, 1960.

[164]   Qiao W，Chen G. Generation of strut-and-tie models in concrete structures by topology optimization based on moving morphable components[J]. Engineering Optimization，2020，53（7）：1-22.

[165]   Li Y，Xie Y M. Evolutionary topology optimization for structures made of multiple materials with different properties in tension and compression[J]. Composite Structures，2021，259：113497.

[166]   Canny J. A computational approach to edge detection[J]. IEEE Transactions on pattern analysis and machine intelligence，1986，8（6）：679-698.

[167]   El-Metwally S E D E，Chen W F. Structural concrete：strut-and-tie models for unified design[M]. Boca Raton：CRC Press，2017.

[168]   Reineck, kare-Heizsed. Examples for the design of structural concrete with strut-and-tie models[M]. Amer Concrete Inst，2002.

[169]   Argudo Sanchez G. Generation and Evaluation of Truss Structures for the Strut-and-Tie Model：Base on Topology Optimization Results for Deep Concrete Beams[D]. 2019.

[170]   徐芝纶. 弹性力学简明教程 [M]. 北京：高等教育出版社，2013.

[171]   包世华，幸克贵. 结构力学 [M]. 武汉：武汉理工大学出版社，2012.

[172]   钱国栋，何英明，陈跃庆. 钢筋混凝土深受弯构件的受力性能和设计方法 [J]. 港工技术，1994，3：35-42.

[173]   Michell A G.M. The limits of economy of material in frame-structures[J]. Philosophical Magazine Letters. 1904，8（47）：589-597.

[174]   Stejskal T，Dovica M，Svetlík J，et.al. Establishing the optimal density of the michell truss members[J]. Materials，2020，13（17）：3867.

[175]   Lewinski T，Sokolo T. and Graczykowski C. Michell Structures[M]. Berlin：Springer. 2018.

[176]   Xu G J，Dai N. Michell truss design for lightweight gear bodies[J]. Mathematical Biosciences and Engineering，2021，18（2）：1653-1669.

[177]   刘周强，张力文，孙卓，等. 基于多种规范的 PC 箱梁顶板纵向裂缝影响参数讨论 [J]. 武汉大学学报（工学版），2021，54（11）. 1015-1021.

[178]   何启龙，邬晓光，李艺林，等. 基于 RBF-SVM 的拼宽预应力 T 梁桥抗弯可靠度分析 [J]. 武汉大学学报（工学版），2020，53（5）：424-429.

[179]   Utrilla M A，Samartin A. Optimized design of the prestress in continuous bridge decks [J]. Computers and Structures，1997，64（1）：719-728.

[180]   Kirsh U. Optimum design of prestressed beams [J]. Computer and structures，1972，2（4）：573-583.

[181]   苏杭. 预应力混凝土箱梁桥腹板受力分析及预应力损失研究 [D]. 武汉：武汉理工大学，2007.

[182]   朱良辰. 预应力混凝土连续梁桥预应力钢束优化设计研究 [D]. 西安：长安大学，2016.

[183]   陈诗雨，李小勇，杜杨杨，等 . Fourier 神经网络非线性拟合性能优化研究 [J]. 武汉大学学报
        （工学版），2020，53（3）：277-282.

[184]   张鹄志，马哲霖，黄海林，等 . 不同位移边界条件下钢筋混凝土深梁拓扑优化 [J]. 工程设计学
        报，2019，26（6）：691-699.

[185]   傅佳宏，田铭兴，高云波 . 基于深度优先搜索的混合补偿网络拓扑辨识与分析 [J]. 武汉大学学
        报（工学版），2019，52（4）：344-350.

[186]   徐巍 . 基于 ANSYS 连续体的拓扑优化与预应力优化 [D]. 湖北：华中科技大学，2012.

[187]   Xia L，Xia Q，Huang X D，et. al. Bi-directional Evolutionary Structural Optimization on
        Advanced Structures and Materials：A Comprehensive Review[J]. Archives of Computational
        Methods in Engineering，2018，25（2）：437-478.

[188]   Liu X，Yi W J，Li Q S，et.al. Genetic evolutionary structural optimization[J]. Journal of
        Constructional Steel Research，2007，64（3）：305-311.

[189]   中华人民共和国交通运输部 . 公路桥涵设计通用规范：JTG D60—2015 [S]. 北京：人民交通出
        版社，2015.